Iwan Fjodorowitsch SADOWNIKOW

BODENKUNDLICHE UNTERSUCHUNGEN SOWIE DEREN AUSWERTUNG DURCH BODENKARTEN

Herausgeber der deutschen Ausgabe

Dipl. Landwirt Kurt Knott

AKADEMIE-VERLAG · BERLIN
1958

И. Ф. Садовников
Почвенные исследования и составление почвенных карт
Erschienen im Staatsverlag für landwirtschaftliche Literatur, Moskau 1954
Übersetzt aus dem Russischen: Dr. agr. E. Kahn

Die Herausgabe dieses Werkes wurde
vom Kulturfonds der Deutschen Demokratischen Republik
gefördert

Erschienen im Akademie-Verlag GmbH, Berlin W 8, Mohrenstraße 39
Lizenz-Nr. 200 • 100/323/57
Gesamtherstellung: VEB Druckerei „Thomas Müntzer" Bad Langensalza
Bestell- und Verlagsnummer: 5230
Printed in Germany

Inhaltsverzeichnis

Einleitung

Nach dem Beschluß des ZK der KPdSU und des Ministerrats der UdSSR vom 17. August 1954 „Über die zusätzliche Neulandgewinnung zur Erhöhung der Getreideerzeugung“ sollen . . . bereits im Jahre 1956 die Anbauflächen für Getreide und andere Kulturpflanzen auf dem gewonnenen Neuland um mindestens 28 bis 30 Millionen Hektar erweitert werden.

Für die Vergrößerung der Anbauflächen und die hiermit beabsichtigte Ertragssteigerung werden umfangreiche Bodenuntersuchungen auf dem gewonnenen Neuland und auf den be- und entwässerten Kulturflächen erforderlich.

Auf Grund der analytischen Auswertungen der feldmäßigen Bodenuntersuchungen sind genetische Bodenkarten auszuarbeiten, aus denen die Gesetzmäßigkeit der räumlichen Verteilung der Bodentypen und die Möglichkeit einer landwirtschaftlichen Nutzung ersichtlich sind. An Hand dieser Karten sind agrotechnische Karten (Meliorationskarten, Nutzungskarten u. a.) zu entwickeln. Die Untersuchungsberichte sollen neben der Bodenbeschreibung, der Klassifikation und der räumlichen Verteilung eine genaue Erläuterung jeder festgestellten genetischen Erscheinung und des Kulturzustandes enthalten. Unter Berücksichtigung der physikalisch-geographischen und landwirtschaftlichen Verhältnisse werden sich die Ertragsfähigkeit und die beste Nutzungsart der Böden beurteilen lassen.

Die bodenkundlichen Untersuchungsergebnisse (die Bodenkarten nebst Erläuterungen) bilden die Grundlage für die praktischen Arbeiten.

Hierbei sind folgende Punkte zu beachten:

a) Größe und Beschaffenheit der landwirtschaftlichen Nutzfläche;
b) Betriebswirtschaftliche Richtung und Lage der sozialistischen landwirtschaftlichen Betriebe im Bereich der Republiken, Bezirke und Kreise;
c) Berücksichtigung meliorationsbedürftiger Böden (Ausarbeitung eines Meliorationsplans: Be- und Entwässerung, Bekämpfung der Wind- und Wassererosion u. a.);
d) Festlegung der besten Nutzungsart, Anbaumöglichkeit von Sonderkulturen (Baumwolle, Tee, Zitronen u. a.);
e) Ausarbeitung eines Düngerplans und eines Plans für Bodenverbesserungsmaßnahmen sowie eines Voranschlags für den Brennstoffbedarf;
f) Anlage von Windschutzhecken und Festlegung der aufzuforstenden Flächen in den Staats- und Kollektivwirtschaften. Auswahl der für die jeweiligen Standortverhältnisse am besten geeigneten Holzarten;

g) Einteilung der Versuchsfelder und Errichtung landwirtschaftlicher Versuchsstationen.

Zur Einrichtung und Leitung der sozialistischen Landwirtschaftsbetriebe werden Bodenkarten in einem möglichst großen Maßstab nebst den dazugehörigen Legenden benötigt:

a) zur Vermessung und Einteilung der für die landwirtschaftliche Nutzung vorgesehenen Flächen sowie zur Aufstellung der sich hieraus ergebenden Bestellungspläne;
b) zur Saatgutverteilung für die genossenschaftlichen Betriebe oder für das Kreisgebiet, ferner zur Beschaffung geeigneter Gehölze zur Anlage der Windschutzhecken;
c) zur Planung aller ackerbaulichen Maßnahmen;
d) für die Ausarbeitung von Meliorationsplänen;
e) zur Erosionsbekämpfung.

Aus diesen Betrachtungen ergeben sich zwei Forderungen an die Bodenkunde: erstens von Grund auf die bodenbildenden Faktoren und ihren Einfluß auf die verschiedenen Bodeneigenschaften zu untersuchen, zum zweiten alle Erscheinungen, die im Bodeninneren das Pflanzenleben beeinflussen, in klarer Form darzustellen, um aus den gewonnenen Erkenntnissen die Nutzanwendung für die Landwirtschaft abzuleiten[1].

Die vorliegende Arbeit bringt Betrachtungen über Vorbereitung und Durchführung feldmäßiger bodenkundlicher Untersuchungen sowie über ihre Auswertung, die bei der landwirtschaftlichen Bewirtschaftung be- und entwässerter Flächen Beachtung verdienen.

Auf dem Gebiet der praktischen Bodenkunde will das Buch sowohl Anfängern als auch Bauern und Landwirten Hinweise zur Durchführung von Bodenuntersuchungen geben.

Der Verfasser bringt Herrn Professor Dr. agr. S. S. Sobolew für die ihm bei der Vorbereitung zur Drucklegung dieses Buches gegebenen wertvollen Ratschläge und Hinweise seinen aufrichtigen Dank zum Ausdruck.

I. Durchführung der Bodenuntersuchungen

Durch zuverlässige Bodenuntersuchungen werden Unterlagen gewonnen, mit denen die Feldarbeiten den naturgegebenen Verhältnissen angepaßt werden können. Nicht allein der Leiter einer bodenkundlichen Gruppe, sondern auch jeder selbständig arbeitende Bodenkundler muß sich über die Eigenart der zu untersuchenden Böden in geographischer und klimatischer Hinsicht Gewißheit verschaffen. Das dem landwirtschaftlichen Betrieb gesteckte Ziel, zu dessen Verwirklichung die Bodenuntersuchungen ausgeführt werden, ist klar zu formulieren. Die bodenkundliche Tätigkeit, von den feldmäßigen Untersuchungen bis zu den Arbeiten im Laboratorium, ist mit größter Sorgfalt auszuführen.

[1] S. P. Krawkow, Bodenkunde. Moskau-Leningrad 1937.

Neben der praktischen Landvermessung und der kartenmäßigen Darstellung, der Projektierung von Bewässerungsanlagen sind

1. Voranschläge aufzustellen,
2. Windschutzhecken und Aufforstungen zu projektieren.

Hierbei sind die landwirtschaftlichen Versuchsstationen zur Mitarbeit heranzuziehen. Die Anzahl der Bodenuntersuchungen sowie die Arbeitsweise im Gelände werden nach der Zielsetzung und der natürlichen Geländegestaltung festgelegt. Die folgende Tabelle zeigt, welcher Maßstab bei der Ausarbeitung von Bodenkarten zur Darstellung einzelner landwirtschaftlicher Betriebsvorgänge zweckmäßig verwandt wird. Die Tabelle wurde nach langjährigen praktischen Erfahrungen bei Benutzung von Bodenkarten für verschiedene landwirtschaftliche Maßnahmen im be- und entwässerten Ackerbau ausgearbeitet. Außer den in der Tabelle angeführten Normen ist bei der Auswahl des Maßstabs auch die Größe der zu untersuchenden Fläche zu berücksichtigen. Die Ausarbeitung von Bodenkarten kleinen Maßstabs hat sich nur für große Teilstücke als zweckmäßig erwiesen. Es wird eine Bodenkarte im Maßstab von 1 : 200 000 für eine Fläche von 100 ha eine Größe von nur 0,25 cm^2, für einen Maßstab von 1 : 50 000 eine solche von 4 cm^2 und bei 1 : 25 000 von 16 cm^2 aufweisen.

Selbst bei einer einheitlichen Bodengestaltung hat sich bei der Aufnahme von 100 ha im ebenen Gelände der Maßstab von 1 : 25 000 bewährt.

Der gesamte Arbeitsablauf der Bodenuntersuchung und Kartierung wird am besten in folgende drei Arbeitsgänge gegliedert:

1. Vorbereitungen;
2. feldmäßige Untersuchungen;
3. Auswertung der Bodenproben im Laboratorium.

Zur vorbereitenden Tätigkeit gehört auch die Überprüfung und Bearbeitung des bereits vorhandenen Untersuchungsmaterials.

Bei den feldmäßigen Arbeiten werden der Boden sowie die bodenbildenden Faktoren (Vegetation, Relief, Geologie, Hydrogeologie u. a.) untersucht. Proben des Muttergesteins und des Grundwassers sind zu nehmen, die Beobachtungen in die Feldkarte einzuzeichnen, und soweit im Arbeitsplan vorgesehen, ist eine vorläufige Bodenkarte mit entsprechender Legende auszuarbeiten.

Zur Erläuterung der Feld- und Laboratoriumsarbeiten sind ausführlich zu beschreiben:

1. Zweck und Ziel der Bodenuntersuchungen;
2. die zu untersuchende Fläche;
3. Anzahl der vorgesehenen Untersuchungen je Flächeneinheit;
4. Bodenstruktur, Reliefgestaltung und bodenbildende Faktoren;
5. Untersuchungsmethoden auf chemisch und physikalische Bodeneigenschaften;
6. die gegebenenfalls bei der Bearbeitung herangezogenen Untersuchungsergebnisse aus früheren Jahren.

Zur Vorbereitung der feldmäßigen Arbeiten und deren Auswertung sind alle gedruckten und handschriftlichen Unterlagen über das jeweilige Arbeitsgebiet zu berücksichtigen. Danach sind die Leistungsnormen sowie der Termin zur Berichterstattung und zur Vorlage des kartographischen Materials zu bestimmen. Die benötigte Anzahl von Fachkräften und Arbeitern wird errechnet und der Gesamtplan für die Bodenuntersuchungen aufgestellt. Für die Untersuchung größerer Bodenflächen sind bodenkundliche Abteilungen zu bilden und in Gruppen zusammenzufassen.

Ein erfahrener Bodenkundler ist als Leiter einer Abteilung oder Gruppe dafür verantwortlich, daß der Arbeitsplan ordnungsgemäß durchgeführt wird. Bei der Zusammenstellung der bodenkundlichen Abteilungen oder Gruppen sind die Aufgabenstellung sowie die geographischen und physikalischen Verhältnisse des Geländes weitgehend zu berücksichtigen. Sollen die Bodenuntersuchungen im Gelände eines Weidebetriebs, z. B. eines Gestüts mit natürlichem Pflanzenbestand, durchgeführt werden, ist es ratsam, auch einen Geobotaniker hinzuzuziehen. In anderen Fällen wird es wünschenswert sein, der Gruppe einen erfahrenen Geologen oder Geomorphologen zuzuteilen. Bei Bodenuntersuchungen zur Aufstellung eines Bewässerungsplans ist eine bodenkundlich-hydrologische Gruppe einzusetzen.

Die Ausrüstung muß sich nach der Art der Bodenuntersuchungen richten.

II. Verzeichnis der Ausrüstungsgegenstände für die feldmäßigen Bodenuntersuchungen

Topographische Karte mit Rahmen;

Feldtagebücher, Millimeterpapier, Schreibmaterial, Reißzeug;

Wasserdichte Beutel zum Verpacken der Bodenproben, Versandkästen und Etiketten;

Salzsäure, Salpetersäure, Chlorbarium, salpetersaures Kalium, Silbernitrat, Rotes Blutlaugensalz (als Lösung), 96%ige Phenolphthaleinlösung in Alkohol, destilliertes Wasser;

Reagenzgläser, Glaskolben und Glasstäbchen;

Spaten, Bohrer mit Verlängerungsstücken — je nach Bedarf —, Meißel, Hammer, Messer zum Abstechen der Monolithe, Bandmaß;

Eklimeter von Brandis zur Bestimmung der Hangneigung;

Photoapparat.

Die Auswertung erstreckt sich auf folgende Arbeiten:

1. Überprüfung der Boden- und Gesteinsproben, Beschreibung der Grablöcher und Angabe der vom Laboratorium durchzuführenden Analysen;
2. Überarbeitung des Gesamtergebnisses;
3. Ausführung der endgültigen Bodenkarte;
4. Abfassung eines ausführlichen Berichts über die durchgeführten Bodenuntersuchungen.

III. Bearbeitung der Untersuchungsergebnisse

Bei der Übernahme des Auftrags hat die bodenkundliche Abteilung oder der selbständig arbeitende Bodenkundler das gesamte bei den Kreisbehörden über die zu untersuchenden Böden vorhandene Material einzusehen und durchzuarbeiten. Derartige Unterlagen bieten die Möglichkeit, sich bereits vor der Feldbegehung eine allgemeine Vorstellung über die Eigenart der Böden zu bilden. Ferner werden eine Wiederholung früher durchgeführter Bodenuntersuchungen vermieden und eine zweckmäßige Organisation der Feld- und Laboratoriumsarbeiten ermöglicht. Auch läßt sich die Notwendigkeit einer nochmaligen Untersuchung dieser oder jener Bodenabschnitte feststellen. Die Durchsicht bereits vorliegender Aufzeichnungen wird die gesamten bodenkundlichen Arbeiten erleichtern, die Dauer der Arbeiten verkürzen und nicht zuletzt deren Kosten verringern.

Außer den bodenkundlichen Aufzeichnungen, die Aufschluß über die unter den jeweiligen Standortverhältnissen ablaufende Bodenbildung geben, sollte man auch die geologischen, geomorphologischen, hydrogeologischen und hydrogeographischen Arbeiten, die Vegetationsberichte und die kartographischen Unterlagen einsehen. Vor allem ist eine sorgfältige Überprüfung des kartographischen Materials erforderlich. Auf der topographischen Karte ist die Örtlichkeit zu bestimmen, damit die sich bei den folgenden Arbeiten ergebenden Konturen richtig übertragen werden können. Hierzu wird zweckmäßig eine topographische Karte mit Gitternetz im Maßstab von 1 : 100 000 oder 1 : 200 000 verwandt. Für größere Flächen ist ein Maßstab von 1 : 500 000 angebracht. Dabei ist möglichst eine topographische Karte des Maßstabs heranzuziehen, in dem die Bodenkarte ausgeführt werden soll. Es ist sogar vorteilhaft, eine topographische Karte mit einem größeren Maßstab zu benutzen. In diese Karte sind das hydrographische Gitternetz, die Terrassen, die Neigung der Hänge und die Zerklüftung des Geländes durch Gräben sowie Vertiefungen einzuzeichnen. Die Ausdehnung der Hänge und die Breite der Wasserscheide, die absolute Höhe der einzelnen geormophologischen Abschnitte sowie die maximale Überhöhung der Wasserscheide über der Erosionsbasis sind zu ermitteln. Liegen für das zu untersuchende Gelände keine topographischen Unterlagen großen Maßstabs vor, sind entsprechende Karten kleineren Maßstabs heranzuziehen. In diese sind die Höhenlinien zu übernehmen, die bei Nivellierung von Eisenbahnprofilen, bei hydrologischen oder sonstigen Feststellungen gewonnen wurden.

Erst nach genauer Information über die topographischen Verhältnisse sind die Unterlagen über den geologischen Aufbau des angrenzenden Untersuchungsgeländes durchzuarbeiten. Hierbei müssen die Oberflächengestaltung, das bodenbildende Gestein und das Muttergestein besonders beachtet werden. Zu diesen Untersuchungen dienen die geologischen Karten nebst den dazugehörigen Beschreibungen. Das an die Oberfläche tretende Grundgestein ist auf seine Zusammensetzung genau zu untersuchen. Die Feststellungen werden auf der topographischen Karte vermerkt.

Die Einteilung der Bodenuntersuchungen entspricht der landwirtschaftlichen Produktionsrichtung, der hierdurch bedingten Maßnahmen und der Eigenart der Bodendecke und des Reliefs

Landwirtschaftliche Produktionsrichtung	Die wichtigsten Maßnahmen, für die die bodenkundliche Untersuchung durchgeführt wird	Eigenart des Reliefs und der Bodendecke	Maßstab bei der Durchführung der bodenkundlichen Untersuchung	Bemerkungen
Getreide, Flachs, Zuckerrüben, Grünlandwirtschaft Geflügelzucht	Einrichtung der Wirtschaft, Aufstellung eines Planes für die Bearbeitung der landwirtschaftlichen Nutzfläche, der Fruchtfolgen und deren flächenmäßigen Verteilung, Ausarbeitung eines Systems von agrotechnischer Maßnahmen	Relief eben mit einheitlicher Bodendecke	1:50 000 1:25 000	
desgl.	desgl.	Relief gegliedert, uneinheitliche Bodendecke	1:25 000 1:10 000	
desgl.	desgl.	Relief stark gegliedert mit unterschiedlicher Bodendecke	1:10 000	
desgl.	desgl.	Relief eben, komplexe Bodendecke	1:10 000	
Viehzucht: Schafzucht, Rinderzucht mit Fleischerzeugung, Pferde- und Renntierzucht		Relief eben oder schwach gegliedert, einheitliche Bodendecke	1:100 000	
	desgl.	Relief stark gegliedert, unterschiedliche Bodendecke	1:50 000	
		Relief eben, geschlossene Bodendecke	1:50 000 1:10 000	
Obst- und Gemüsebau	Einrichtung der Wirtschaft, Auswahl der Kulturen, Ausarbeitung von Maßnahmen zur Steigerung der Bodenfruchtbarkeit	Relief eben, Bodendecke einheitlich	1: 5 000 1: 2 000	je nach der Fläche
		Relief gegliedert, uneinheitliche Bodendecke	1: 2 000 1: 1 000	
		Relief eben, geschlossene Bodendecke	1: 500	

landwirtschaftliche Produktionsrichtung	Die wichtigsten Maßnahmen, für die die bodenkundliche Untersuchung durchgeführt wird	Eigenart des Reliefs und der Bodendecke	Maßstab bei der Durchführung der bodenkundlichen Untersuchungen
Bewässerter Ackerbau: Getreide, Baumwolle, Zuckerrüben, u. a.	Bewässerung der landwirtschaftlichen Kulturen: Aufstellung des Bewässerungsplans; Ausarbeitung von bodenverbessernden Maßnahmen zur Steigerung der Erträge auf den bewässerten Böden und zur Vorbeugung der Versalzung, der Versumpfung und der Solonezbildung	Relief eben oder geneigt-gewellt, einheitliche Bodendecke; auf kleinen Flächen können uneinheitliche Böden vorkommen	1:50 000 / 1:25 000
		Relief eben, geschlossene Bodendecke	1:50 000 / 1:10 000 — 1:5 000
Forstwirtschaft	Aufstellung des Plans für die Aufforstung und feldschützenden Waldstreifen; Auswahl der Gehölze und Ausarbeitung von Maßnahmen zur Schaffung günstiger Voraussetzungen für die schnellste Entwicklung der Pflanzungen	Relief eben oder geneigt-gewellt, einheitliche Bodendecke	1:100 000 / 1:50 000
		Relief gegliedert, uneinheitliche Bodendecke	1:50 000 / 1:25 000
		Relief stark gegliedert, verschiedenartige Bodendecke	1:50 000 — 1:25 000 / 1:10 000 — 1:5000
		Relief der geschlossenen Bodendecke	
	Einrichtung von landwirtschaftlichen Versuchsstationen und Versuchsfeldern	Bodendecke einheitlich	1:2000 — 1:1000
		Geschlossene Bodendecke	1:1000 — 1:500
	Vorherige Prüfung der Bodendecke im noch nicht untersuchten Gelände, um die Flächen aufzufinden, die für eine landwirtschaftliche Nutzung tauglich sind.	Relief eben oder schwach-gewellt	1:300 000
		Gegliedertes Relief	1:200 000
		Relief stark gegliedert oder eben; geschlossene Bodendecke	1:100 000

[1] Im Zähler ist der Maßstab für die Planaufgabe, im Nenner für das technische Projekt anzugeben. Falls anstelle der beiden Planmaßstäbe (Plan und technischer Entwurf) nur ein Entwurf ausgeführt wurde, empfiehlt es sich bei späterem Übergang zu Zeichnungen, wobei die Stufe des technischen Projektes übersprungen wird, die Bodenuntersuchungen in dem gleichen Maßstab durchzuführen, wie er für den technischen Entwurf angegeben ist.

Bei hydrogeologischen Untersuchungen sind die Höhe des Grundwasserspiegels, der Salzgehalt des Grundwassers, die Tiefe und Lage der wasserführenden wie wasserstauenden Schichten festzustellen und nach Möglichkeit die Bildung des Oberflächenwassers zu klären. Die Grab- und Bohrlöcher sind in die topographische Karte einzutragen. Die aufgegrabenen oder durchbohrten Gesteinsschichten sind einzeln zu beschreiben. Nach diesen Aufzeichnungen erfolgt die Ausarbeitung der hydrogeologischen Karten.

Dem Klima als bodenbildendem Faktor ist eine besondere Bedeutung beizumessen. Hierzu sind die Arbeiten der meteorologischen Stationen einzusehen und auszuwerten, wobei die Auswertung zweckmäßig einem Klimatologen übertragen wird.

Bei der Durchsicht der Aufzeichnungen über die Vegetation ist zu klären, in welchem pflanzengeographischen Gebiet das zu untersuchende Gelände liegt (Taiga, Waldsteppe, Steppe usw.).

Die Besonderheiten der durch die einzelnen Bodentypen und Bodenarten bedingten Vegetation sind festzustellen und die Wechselbeziehungen zwischen Vegetation und Bodenbildung zu ermitteln. Dadurch wird die Arbeit des Bodenkundlers in Gebieten mit natürlichem Pflanzenbestand wesentlich erleichtert. Sind natürliche Vegetation und Bodentypen bekannt, ist es nicht schwer, sich über deren Verteilung ein Bild zu verschaffen, weil gewöhnlich Flächen mit einer bestimmten Vegetation zugleich auch zu bestimmten Bodentypen gehören.

Nach Feststellung aller geographischen und physikalischen Verhältnisse, die die Bodenbildung beeinflussen, ist das im Gelände gewonnene Material zu bearbeiten.

Der chemische Aufbau, die mechanische Struktur, die hydrologischen und physikalischen Eigenschaften der Ackerkrume und des Unterbodens sind schriftlich festzulegen. Die am häufigsten vorkommenden Bodentypen sind ihrem Aufbau gemäß zu beschreiben. Die analytischen Ergebnisse sind zur Ausarbeitung der Karte und der dazugehörigen Beschreibung heranzuziehen. Hierbei sind die Untersuchungsmethode und das Laboratorium zu nennen.

Bei der Untersuchung der Bodeneigenschaften sind die Arbeiten der landwirtschaftlichen Versuchsanstalten und die Erfahrungen der in den genossenschaftlichen Landwirtschaftsbetrieben tätigen Aktivisten auszuwerten. Auch hierdurch werden gute Unterlagen für die beste landwirtschaftliche Nutzung der Böden gewonnen. Befinden sich im Untersuchungsgebiet Meliorationsanlagen, so sind die hiermit gemachten Erfahrungen genau zu beschreiben (Be- und Entwässerung, Kalkung, Gipsen usw.).

Besondere Beachtung verdient die Bearbeitung der Unterlagen, in denen die Böden als Standort der landwirtschaftlichen Kulturpflanzen beschrieben sind. Die bei den landwirtschaftlichen Versuchsstationen befindlichen und die in der Literatur veröffentlichten Ergebnisse über den Einfluß der verschiedenen Bodeneigenschaften auf Wachstum und Ertrag — zumindest der führenden Kulturen des jeweiligen Bezirks — sind zu verwerten. Hierdurch wird es möglich, gerade die Erscheinungen gründlich zu untersuchen, von deren Wirken im wesentlichen die Ertragsfähigkeit der untersuchten Böden abhängt. Das Akademiemitglied

W. R. Wiljams wies auf folgendes hin: Um die ertragssteigernde Wirkung der bodenbildenden Faktoren zu erfassen und um zu lernen, sie entsprechend den gesteigerten Anforderungen zur Förderung der Bodenfruchtbarkeit zu beeinflussen, muß man sie kennen.

Der Einfluß der einzelnen genetischen Bodeneigenschaften auf den Ertrag der verschiedenen landwirtschaftlichen und forstlichen Kulturpflanzen ist bisher nicht ausreichend behandelt. Nur für wenige Kulturen sind solche Untersuchungsergebnisse vorhanden. So untersuchten Versuchsstationen und einzelne Wissenschaftler, welchen Einfluß Art und Grad der Bodenversalzung auf das Wachstum und die Erträge von Baumwolle, Weizen, Zuckerrüben, Luzerne und anderen landwirtschaftlichen Kulturpflanzen ausüben.

Den bodenbildenden Faktoren ist besondere Beachtung zu schenken, da sie weitgehend ertragsbestimmend sind.

Der Einfluß des Grundwassers, der Bodenstruktur, des prozentualen Verhältnisses der adsorbierten Basen und des p_H-Wertes auf Wachstum und Ertrag ist nur bei einigen Kulturpflanzen festgestellt. Sind Versuchsergebnisse vorhanden, die den Einfluß der Bodenarten auf die Pflanzenerträge behandeln, so sind diese entsprechend auszuwerten.

Die Pflanzenerträge auf einem salzhaltigen Boden werden vom Aufbau der wasserlöslichen Salze, vom Salzgehalt des Bodens, von der Mächtigkeit einer Salzschicht und von der Salzresistenz der Kulturpflanzen beeinflußt. Nach Untersuchungen von B. W. Fedorow ist die Entwicklung der Baumwolle in Mittelasien vom Versalzungsgrad der durchwurzelten Bodenhorizonte abhängig. Wird im Boden Cl' bis zu 0,012% und SO''_4 bis zu 0,160% nachgewiesen, entwickelt sich die Baumwolle normal. Steigt jedoch der Cl'-Gehalt von 0,015 auf 0,034% und der SO''_4-Gehalt von 0,20 auf 0,30%, verkümmern die Pflanzen. Eine Steigerung von Cl' bis zu 0,04% und SO''_4 bis zu 0,30% ist als Grenzwert zu betrachten.

A. N. Rosanow und A. A. Lasarew beobachteten im Ferganatal bei einer 1 m mächtigen Sulfat-Versalzung und einem Cl'-Gehalt von 0,011%, einem SO''_4-Gehalt von 0,06% eine normale Entwicklung der Baumwolle. Lag der Gehalt an Cl' bei 0,025% und der an SO''_4 bei 0,50%, waren eine schwache Entwicklung der Baumwolle und ein lückenhafter Bestand die Folge. Bei Erhöhung des Cl'-Gehalts auf 0,06% und des SO''_4-Gehalts auf 0,90%, bildet die Baumwolle einen sehr schwachen Bestand und verkümmert schließlich. Ein vollkommenes Versagen der Baumwolle wurde auf Böden mit einem Cl'-Gehalt von 0,11% und einem SO''_4-Gehalt von 1,65% festgestellt.

Über die Salzresistenz der Zuckerrüben in Mittelasien berichten Lasarew und Rosanow folgendes:

Auf versalzten Sulfatböden entwickelten sich bei einem Cl'-Gehalt von 0,01% und einem SO''_4-Gehalt von 0,15% die Zuckerrüben normal. Stieg der Cl'-Gehalt auf 0,02% und der an SO''_4 auf 0,5% wurde ein schwacher, gelockerter Bestand beobachtet. Ein Cl'-Gehalt von 0,05% und von 0,80% SO''_4 verursachte starke Wachstumsdepressionen und einen dürftigen Pflanzenbestand. Ein vollkommenes Versagen der Zuckerrüben trat bei 0,1% Cl' und bei 1,5% SO''_4 ein.

Nach S. A. Delinikaitis wurde folgende Untersuchung durchgeführt:

1. Bei verschiedenen Verkümmerungsgraden der Pflanzen wurde der Salzgehalt des Bodens bestimmt.
2. Von den betreffenden Stellen wurde Boden aus der Ackerkrume in Gefäße gebracht. Nach Aussaat wurden das Auflaufen und die weitere Entwicklung der Pflanzen beobachtet.
3. Für diese Versuche wurden Böden zweier Typen benutzt: heller kastanienfarbiger solonezartiger Boden und Solonez. Durch künstlichen Zusatz von Salz wurde die Konzentration auf die im Untersuchungsschema vorgesehene Höhe gebracht. Der Versuch wurde im Vegetationshaus bis zur Ernte durchgeführt.

TABELLE 1

Gewicht der oberirdischen Weizenmasse (in g je Gefäß) auf einem versalzten Boden; Chlorionenkonzentration 0,1 %

Bodentyp	0	NaCl	$NaCl_2$	$MgCl_2$
hellkastanienfarbiger Boden .	55,8	17,5	22,7	30,9
Solonez	26,6	12,4	20,4	22,5

TABELLE 2

Gewicht der oberirdischen Weizenmasse auf einem Boden, der mit schwefelsauren Salzen bei gleicher Konzentration von SO_3 angereichert wurde

Bodentyp	Konzentration von SO_3 in % g	Na_2SO_4 g	$MgSO_4$ g	$CaSO_4$ g
1931				
hellkastanienfarbiger Boden .	0.2	30.1	40,1	50,6
dto.	0,1	—	49,5	56,6
Solonez	0,2	16,6	—	27,9
dto.	0,1	19,3	—	26,8
1932				
hellkastanienfarbiger Boden .	0,05	40,1	51,2	—
dto.	0,10	35,4	46,1	—

Nach Delinikaitis zeigt sich, daß von den am häufigsten und in großen Mengen vorkommenden Salzen in den Böden des Transwolgagebiets die Natriumsalze für die Pflanzen am schädlichsten sind. Chlor wirkte sowohl in Verbindung mit Natrium als auch mit anderen Kationen, Calcium und Magnesium, giftiger als Schwefelsäure.

Dies wird aus folgenden Tabellen ersichtlich:

TABELLE 3

Ertrag der oberirdischen Weizenmasse auf verschieden salzhaltigen Böden je nach der Konzentration des Natriums (in Gramm je Gefäß)

Na Konzentration in %	hellkastanienfarbiger Boden		bewässerter Solonez		
Salze	0,06	0,12	0,03	0,06	0,12
Na_2SO_4	—	30,1	—	19,3	16,6
NaCl	17,5	1,3	17,8	12,4	3,9

TABELLE 4

Ertrag der oberirdischen Weizenmasse auf mit Kaliumsalzen angereicherten Böden (in Gramm je Gefäß)

Ca Konzentration in %	hellkastanienfarbiger Boden		Solonez	
Salze	0,056	0,113	0,056	0,113
$CaSO_4$	53,7	57,2	24,9	25,9
$CaCl_2$	22,7	7,9	20,4	6,3

Aus Tabelle 4 ist zu ersehen, daß die Steigerung des Ca-Gehalts eine Ertragserhöhung bringt, während die von Cl eine Wachstumsdepression des Weizens hervorruft.

TABELLE 5

Weizenertrag von einem unterschiedlich salzhaltigen hellkastanienfarbigen Boden im Jahre 1932 (in Gramm je Gefäß)

Salze	Ertrag	Salzkonzentration in %					
		0,0	0,05	0,10	0,15	0,20	0,90
NaCl	Körner	19,1	13,8	5,2	0,0	0,0	0,0
	Stroh	27,1	20,6	8,5	0,15	0,5	0,0
Na_2SO_4 . . .	Körner	0,0	18,0	15,2	0,0	4,4	5,0
	Stroh	0,0	22,1	20,2	0,0	15,1	10,8

Diese Übersicht zeigt, daß bereits bei einer Chlorkonzentration von 0,05% der Weizenertrag absinkt und bei 0,10% weiter fällt. Bei höheren Konzentrationen werden die Pflanzen vernichtet.

Die im Boden befindlichen Salze wirken sich auf die Entwicklungsstufen der Pflanzen verschieden aus. Über die starke Salzwirkung auf das Jugendstadium der Pflanzen geben die Vegetationsversuche in Tabelle 6 Aufschluß:

TABELLE 6

Der Einfluß der Bodenversalzung in den verschiedenen Entwicklungsstadien des Weizens auf den zeitlichen Ablauf des Wachstums sowie auf den Ertrag

Chlorkonzentration in %	Zeitpunkt des Einbringens der Salze			
	vor der Bestellung		während der Ährenbildung	
	Zahl der Pflanzen	Gesamtertrag in g je Gefäß	Zahl der Pflanzen	Gesamtertrag in g je Gefäß
0,05	14	34,5	—	—
0,10	10,5	13,7	13	32,5
0,15	1,—	0,15	15	31,3
0,20	0,—	0,01	14	18,4
0,0	15,—	47,4	15	47,4

Die Salzresistenz von Reis untersuchte K. S. KIRITSCHENKO auf einem kalkfreien Schwarzerdeboden. Er stellte fest, daß die bisher veröffentlichten Angaben, über den Grenzwert der Salze auf Böden mit Reisanbau zu niedrig erscheinen. Seine Untersuchungen zeigten, daß die Salzresistenz des Reises sich danach richtet, ob die Versalzung bereits vor der Bestellung vorhanden war oder erst im Laufe der Vegetation eintrat. Auch sind die qualitative Zusammensetzung der Salze und der Nährstoffvorrat des Bodens von Bedeutung.

Befinden sich im Boden mehr als 0,2% Chlornatrium (Cl′ über 0,122%) oder kohlensaures Natrium über 0,1% (CO''_3 über 0,056%), laufen die Reiskörner nicht auf. Tritt gleichzeitig im Boden schwefelsaures Natrium bis zu 0,75% (SO''_4 bis 0,507%) auf, wurde keine Störung beim Auflaufen des Reises beobachtet. Die schädliche Wirkung von Na_2SO_4 beginnt erst bei einem Gehalt ab 0,75%.

Reispflanzen, die während der Vegetation der Versalzung ausgesetzt waren, konnten wesentlich höhere Konzentrationen von Na_2CO_3, NaCl und besonders von Na_2SO_4 vertragen. Ein Chlornatriumgehalt von 0,05% bis 0,01% und ein Gehalt von schwefelsaurem Natrium bis zu 0,35% wirkten günstig, weil aus dem im Boden befindlichen Stickstoff aufnehmbare Formen für die Pflanzen gebildet wurden.

Eine Volldüngung wirkt der Versalzung merklich entgegen, wie durch Reisanbau-Versuche auf verschiedenen Böden festgestellt werden konnte.

Bei genügender Zufuhr von Süßwasser gedeiht Reis auch auf versalzten Böden, sofern die Salze aus den oberen Horizonten ausgewaschen werden. Durch eine bestimmte Höhe der Überschwemmungsschicht und durch ein Dränagesystem werden die Böden entsalzt und die Reiserträge gesteigert. GRIGORJEW untersuchte die Wirkung wasserlöslicher Salze auf das Wachstum von Kiefern, Fichten, Lärchen und Birken. Er erhielt dabei folgende Ergebnisse:

1. 20% Sodagehalt in einem trockenen Sand wirkte auf die genannten Holzarten schädlich.
2. 0,05% Sodagehalt wirkte schädlicher auf die Entwicklung der Lärchen, Kiefern und Birken, weniger schädlich auf die der Fichten.
3. Ein Gehalt an 0,10% schwefelsaurem Natrium begünstigte die Entwicklung gegenüber der Normallösung.
4. Durch 0,30% schwefelsaures Natrium wurden Birken, Lärchen und Fichten am meisten, Kiefern dagegen nur wenig geschädigt.
5. Ein Gehalt von 0,30% Na_2SO_4 wirkte auf Fichten ungünstiger als ein Gehalt von 0,05% Na_2CO_3. Bei Kiefern und Lärchen war eine umgekehrte Wirkung zu verzeichnen. Birken reagierten kaum.

Bodenuntersuchungen im Schipo-Wald ergaben nach N. N. Stepanow, daß bei einem Sodagehalt von 0,169% in einer Bodentiefe von 4 bis 5 cm die Vegetation versagt. Bei der fast gleichen Menge Soda (0,145%) in 100 bis 125 cm Tiefe kam ein verkrüppelter Eichenwald noch fort. Dieser lieferte nach 70 Jahren 40 m^3 Holz. Auf Tschernosjom brachten siebzigjährige Eichen eine Holzmenge von 150 m^3. Über die Salzresistenz von *Tamarix gracilis* berichtet Krupennikow:

„Nach meinen Beobachtungen verträgt die Tamariske folgenden Salz- und Ionengehalt des Bodens: Höchstmengen (nach festem Rückstand) bis zu 4,95%, einen mittleren Salzgehalt in der Wurzelregion von 1,59 bis 2,16%, einen Höchstgehalt an Cl' von 1,766% und einen mittleren von 0,617%, einen Höchstgehalt an SO''_4 von 1,399% und einen mittleren von 1,218%."

Mit diesen Angaben über den unterschiedlichen Einfluß der Salze liegt bereits ein allgemeiner Überblick über die Salzresistenz von Baumwolle, Zuckerrüben und einigen Holzarten vor. Die Feststellungen wurden teils am Ende der Vegetationsperiode, teils zu unbekannten Terminen getroffen. Genauere Ergebnisse über die Salzresistenz des Sommerweizens wurden durch die Waluisker Versuchsstation erzielt. Zur Untersuchung der Salzresistenz landwirtschaftlicher Kulturpflanzen sind Unterlagen über die Gesamtmengen der wasserlöslichen Salze, über die Anionen und Kationen eines jeden Salzes in verschiedenen Bodentiefen und in den einzelnen Vegetationsperioden von der Aussaat bis zur Reife erforderlich. Außerdem sind die Bodenstruktur und die Verteilung der Wurzeln in den Bodenhorizonten zu berücksichtigen.

Der Einfluß der wasserlöslichen Salze auf die Pflanzen hängt nicht nur von ihrer Salzresistenz und ihrem Lebensalter ab, sondern auch noch von anderen Bedingungen. Als deren wichtigste sind Bodenstruktur, Wasserführung und „Antagonismus" der Salze zu nennen. Letzterer besteht darin, daß eine Mischung von zwei oder drei Salzen das Pflanzenwachstum weniger schädlich beeinflußt als ein Salz, dessen qualitative Zusammensetzung der von zwei oder drei Salzen gleichkommt. Werden schädigende Salze in einen Boden gebracht, der bereits mit Salz angereichert ist, wird die Toxität der eingebrachten und der bereits im Boden vorhandenen Salze herabgesetzt.

Professor L. P. Rosow beobachtete in einem Versuch mit bereits aufgelaufenen Weizen, daß $MgCl_2$ in einer Konzentration von 0,002 n das Wachstum stark herabsetzte. Befand sich in der Lösung $CaCl_2$ in einer Konzentration von 0,05 n (ein genauso schädliches Salz wie Magnesium), so verlor $MgCl_2$ sogar bei einer Konzentration von 0,05 n seine toxische Wirkung, d. h. bei einer 25mal stärkeren als ursprünglich.

Durch Zusatz einer geringeren Menge von $CaCl_2$ wurde die toxische Wirkung des Na′ herabgesetzt.

Diese kurzen Angaben über die Salzresistenz einiger landwirtchaftlicher Kulturpflanzen zeigen, wie kompliziert dieses Problem ist. Daher müssen alle in den einzelnen Bodenhorizonten nachgewiesenen wasserlöslichen Salze auf ihren schädigenden Einfluß auf Wachstum und Ertrag untersucht werden.

Die Ansprüche der landwirtschaftlichen Kulturpflanzen an die Bodenreaktion sind unterschiedlich. Nach Untersuchungen von A. W. Otryganjew reagiert z. B. Tabak kaum auf den Säuregehalt des Bodens. Im südlichen Tail der Krim wird ein ausgezeichneter Tabak auf Böden mit einem p_H-Wert von 7,5 bis 8,5 gewonnen, während in Abchasien, besonders im kaukasischen Schwarzerdegebiet, Tabak auf Podsolböden mit einem p_H-Wert von 6 bis 5 und darunter angebaut wird.

Der Teestrauch dagegen verhält sich ganz anders. Normal entwickelt er sich nur auf saurem Boden. Praktische Erfahrungen beim Teeanbau in den Bezirken des Schwarzmeergebiets bei Krasnodar, haben ergeben, daß der Teestrauch einen sauren oder wenigstens schwach sauren Boden verlangt mit einem p_H-Wert von 4,5 bis 6,5.

Hafer verträgt weniger einen stärkeren Säuregehalt des Bodens. Am besten gedeiht er auf Böden mit einem p_H-Wert von 4,5 bis 8. Weizen ist in dieser Hinsicht weit anspruchsvoller. Erfahrungsgemäß verlangt er zur normalen Entwicklung einer p_H-Wert von 6,5 bis 7,5.

Die erwähnten Beispiele über die Salzresistenz der Pflanzen und ihr Verhalten zum Säuregrad des Bodens sollen den Bodenkundler auf die sorgfältige Beachtung jener Erscheinungen hinweisen, damit er günstige Voraussetzungen für die beste Ertragsfähigkeit der Böden schafft.

Nach Abschluß der geographischen und physikalischen Untersuchungen wird ein Bericht ausgearbeitet, worin die Abgrenzung der geologischen Abteilungen und Stufen im Gelände, die Bildung von Grund- und Oberflächenwasser, die Gestaltung des Reliefs, die festgestellten Bodentypen und die natürliche Vegetation eingehend beschrieben werden. Auf Grund dieser Beobachtungen wird das zu untersuchende Gelände in geomorphologische Bezirke und Abschnitte eingeteilt, die sich durch einheitliche Gestaltung der Oberfläche, Genetik, geologischen Aufbau und Hydrologie voneinander abheben. Bei der Untersuchung einer kleineren Fläche ist auf eine genaue Bezeichnung des geomorphologischen Abschnitts (Aue, Terrasse, Hang oder Plateau) Wert zu legen. Die Begrenzung der geomorphologischen Bezirke und Abschnitte ist sowohl bei den Vorbereitungen als auch bei den feldmäßigen Arbeiten zu beachten. Jeder geomorphologische Bezirk oder Abschnitt hat seine besonderen Eigenarten. Es werden sich immer im Bereich eines geomorphologischen Abschnitts Bodenkomplexe hervorheben, die sich von denen der benachbarten geomorphologischen Bezirke unterscheiden.

Über alle zur Durchführung der Bodenuntersuchung benutzten Unterlagen ist ein Verzeichnis mit genauen bibliographischen Angaben anzufertigen. Wurden Manuskripte benutzt, sind deren Herkunft und der Zeitpunkt der in den Berichten geschilderten Bodenuntersuchungen zu vermerken. Zahlenmäßige Aufstellungen sind gesondert beizufügen. Soweit kartographische Unterlagen benutzt wurden, sind hiervon möglichst Kopien beizulegen.

IV. Feldmäßige Arbeiten

Ziel der bodenkundlichen Untersuchungen:

1. Bestimmung der im Untersuchungsgelände vorkommenden Bodentypen, Subtypen und Varietäten;
2. Untersuchung der bodenbildenden Faktoren: Vegetation, Geologie, Morphologie, Hydrogeographie;
3. Feststellung des menschlichen Einflusses auf die Bodenbildung;
4. Beobachtungen über das Ausmaß von Wind- und Wassererosion;
5. Abgrenzung der Bodentypen und Bodenarten (Unterlagen für den Entwurf der Feldkarte);
6. Zusammenstellung der Ergebnisse zu Punkt 1 bis 5.

V. Untersuchung der bodenbildenden Faktoren

Hauptfaktor der Bodenbildung ist die Vegetation. Ohne Vegetation gibt es keinen Boden im landwirtschaftlichen Sinne. Sobald sich Pflanzen auf dem Gestein angesiedelt haben, beginnt die Bodenbildung.

Aus Pflanzenresten wird im Boden Humus gebildet. Durch Humus unterscheidet sich der Boden vom Ausgangsgestein. So wird also unter Mitwirkung niederer und höherer Pflanzen sowie der Bodenfauna aus dem Gestein Boden gebildet. Durch Wasseraufnahme verändern die Pflanzen die Wasserführung des Bodens. Mithin beeinflußt die Tätigkeit der Pflanzenwurzeln die physikalischen Bodeneigenschaften, die Bodenstruktur und die Durchlässigkeit.

Die Pflanzengemeinschaften können bestimmend auf die klimatischen Verhältnisse einwirken, besonders auf die sich über dem Boden befindliche Luftschicht (hinsichtlich Feuchtigkeit, Temperatur, Windgeschwindigkeit usw.).

Auch ist ein Einfluß des bodenbildenden Gesteins auf die natürliche Vegetation zu verzeichnen. Eine Vegetationsänderung zeigt eine Änderung des Bodentyps an.

Auf die Wechselbeziehungen zwischen Vegetation und Boden wurde bereits oben hingewiesen.

Der geologische Aufbau eines Gesteins ist für die Bodenbildung ausschlaggebend. Die sich an der Oberfläche zeigenden Schichten, die sowohl zum bodenbildenden als auch zum Grundgestein gehören können, wirken bei der Bodenbildung mit.

In den oberen Horizonten vollzieht sich vornehmlich der chemische und mechanische Bodenaufbau und der Ablauf der biologischen Prozesse, die zur Bodenbildung führen. Ein starker Unterschied in der Ausprägung der Bodenbildung ist bei dicht gelagertem Gestein einerseits, bei lockeren Ablagerungen andererseits zu beobachten. So enthalten Böden, die aus einem festen Gestein gebildet wurden, stets eine gewisse Menge Gesteinstrümmer, Geröll u. a. Bei einer Bodenbildung auf Lockergestein ist diese Erscheinung nicht zu beobachten, der Bodenbildungsprozeß erstreckt sich hier auf eine größere Tiefe.

Der chemische Aufbau des bodenbildenden Gesteins kommt gewöhnlich im Gepräge der oberen Horizonte zum Ausdruck. So bilden sich auf salzhaltigem Gestein solontschak- und solonezartige Böden, z. B. in den salzhaltigen Tertiärzonen Westsibiriens. Aus den schokoladenfarbigen Tonen der Kaspischen Niederung, die bedeutende Mengen an wasserlöslichen Salzen enthalten, entstanden solontschak- und solonezartige Böden sowie Solonez. Die Böden der Kaspischen Niederung, die sich auf Chasansker Ablagerungen entwickelten, die inselförmig in den Sedimenten der Chwalynsker Transgression liegen, weisen eine geringere Solontschak- und Solonezartigkeit auf. Karbonatböden unterscheiden sich von Böden aus einem karbonatfreien Gestein.

Die Festigkeit des Ausgangsgesteins ist nicht nur für die mechanische Bodenzusammensetzung ausschlaggebend, sondern beeinflußt auch die Wasserführung und indirekt die chemische Zusammensetzung. Böden, die auf Lockergestein gebildet wurden, sind wasserdurchlässiger und haben eine geringere Wasserkapazität. Demzufolge dringen Niederschläge auf den Silikatböden schneller in größere Tiefen als auf den Karbonatböden. Sandige und sandig-lehmige Böden, die sich aus Lockergestein entwickelten, werden schneller ausgelaugt als solche, die auf Ton- und Lehmunterlagen entstanden.

Vom geologischen Bodenaufbau ist das Ausmaß der Wind- und Wassererosionen abhängig. Eine geomorphologische Untersuchung läßt die Reliefbildung erkennen. Der geologische Aufbau des zu untersuchenden Geländes ist auch nach den in der Literatur befindlichen Aufzeichnungen zu betrachten. Bei den feldmäßigen Arbeiten sind diese Unterlagen zum Vergleich heranzuziehen.

Durch Aufgrabungen werden die geologischen Schichten, aus denen das bodenbildende Gestein besteht, untersucht. Zu einer genauen Bestimmung des Muttergesteins muß man neben seiner Mächtigkeit auch die räumliche Ausdehnung festlegen und das an der Oberfläche freiliegende Gestein beschreiben. Freiliegendes Gestein findet sich in der Natur auch an den Wänden der Rinnen und Senken, ferner an den Steilufern der Gewässer; künstlich bloßgelegtes Gestein in Steinbrüchen, Tongruben, in jedem Tagebau, bei Eisenbahn- und Straßeneinschnitten. Bei der Beschreibung künstlich oder natürlich freiliegenden Gesteins ist die örtliche Lage zu bestimmen und auf der Karte mit der hierfür vorgesehenen Signatur zu versehen. Entsprechende Vermerke sind im Feldtagebuch einzutragen. Die Beschreibung des zutage tretenden Gesteins erfolgt wie bei einer Bodenaufgrabung von oben nach unten. Bei Sedimentgesteinen werden die einzelnen Schichten in der angegebenen Reihenfolge fortlaufend numeriert. Bei jeder Schicht sind Mächtigkeit, Struktur, Farbe und Richtung zu vermerken und von besonders markanten Stellen Proben zu entnehmen.

A. Relief

Das Relief ist einmal als naturgegebene Erscheinung, zum anderen als bodenbildender Faktor zu betrachten. Von seiner Gestaltung hängt die Durchführung zahlreicher landwirtschaftlicher Arbeiten ab. Daher müsen die bodenkundlichen Untersuchungen des Reliefs sehr sorgfältig ausgeführt werden, um alle auf die Bodenbildung wirkenden Einflüsse zu erfassen. Das Relief ist mitbestimmend für den Ablauf der sich an der Oberfläche des Bodens abspielenden klimatischen Erscheinungen. Es ist ausschlaggebend für die Entwicklung der natürlichen Vegetation und für die Wasserführung im Boden. Von der Reliefgestaltung hängen die sich durch eindringendes und abfließendes Wasser vollziehenden Veränderungen ab. Vegetation, Klima und Wasserführung sind als bodenbildende Faktoren zu bezeichnen, die den Ablauf chemischer und biologischer Prozesse bestimmen. Klimatische Einflüsse wirken sich besonders stark im Gebirge aus, das auf verhältnismäßig begrenztem Raum starke Höhenunterschiede aufweist. Bekanntlich fallen mit ansteigender absoluter Höhe Luftdruck und Temperatur, wohingegen Luftfeuchtigkeit und Niederschlagsmengen ansteigen. Die in den jeweiligen Höhenlagen eines Gebirges vorherrschenden klimatischen Bedingungen bestimmen die vertikale Begrenzung von Vegetation und Bodenbildung. Diese Erscheinungen treten nicht nur in Gebirgsgegenden mit größeren Höhenunterschieden auf, sondern auch in einem Gelände mit gewelltem Verlauf, weil sich schon bei geringen Höhenunterschieden das Mikroklima ändert. So ist die Reliefgestaltung ausschlaggebend bei der Verteilung der gefallenen Niederschläge. Die höchsten Niederschlagsmengen werden von dem ebenen Plateau einer Wasserscheide, die geringsten von den Hängen aufgenommen, und zwar um so weniger, je steiler die Hangneigung ist. Am längsten hält sich Wasser in den Vertiefungen des Reliefs, besonders in geschlossenen Depressionen (Senken, Limane).

Diese Vertiefungen erhalten außer durch Niederschläge noch zusätzlich Feuchtigkeit durch Wasserabfluß und Schneeverwehungen aus den höheren Lagen. Bei einer ungleichmäßigen Reliefgestaltung ist nicht nur die in den Boden dringende Niederschlagsmenge unterschiedlich, sondern auch ihre Ausnutzung. Ein Teil gelangt in die Ackerkrume und den Unterboden, ein anderer versickert im Untergrund, und schließlich verdunstet noch ein Teil unmittelbar oder durch die Pflanzen. Die Bodenfeuchtigkeit schwindet an den Hängen nicht im gleich starken Maße. In Südlagen ist die Verdunstung am stärksten, in Nordlagen am geringsten, weil die Südlagen höhere Durchschnittstemperaturen aufweisen als die Nordlagen. Der Reliefeinfluß auf die Tiefe des Grundwasserspiegels kann beim Vergleich eines ebenen Geländes mit einem durch Gräben und Senken zerklüfteten beobachtet werden. Je stärker die Oberfläche gegliedert ist, um so tiefer liegt der Grundwasserspiegel.

Böden mit ungleichmäßiger Reliefgestaltung zeigen aber nicht nur eine unterschiedliche Wasserführung, sondern auch eine andersgeartete Entwicklung der natürlichen Vegetation. Das Relief bildet die Grundlage zur Entstehung mannigfaltiger Bodentypen, Subtypen und Varietäten. Unter Umständen können schon kaum wahrnehmbare Veränderungen zur Bildung einer bunt erscheinenden Bodendecke führen, die sich bereits bei oberflächlicher Betrachtung aus geringer Entfernung von ihrer Umgebung abhebt. In Gebirgsgegenden tritt die Wirkung des Reliefs auf die Bewegung der Boden- und Gesteinsmassen am sichtbarsten in Erscheinung. Sie zeigt sich beim Bergsturz, beim Erdrutsch, durch Steinschlag, durch alluviale und präluviale Prozesse. An den Hängen wird das Gestein bloßgelegt, während sich in den Tälern Ablagerungen anhäufen. Die Umsetzung der Bodenteilchen vollzieht sich aber nicht nur im Gebirge, sondern auch bei einem gewellten oder gegliederten Relief, sobald durch Wassererosion, durch Niederschläge oder Schmelzwasser Erdmassen von den scheinbar kaum merklichen Erhöhungen in der Richtung der Hangneigung befördert werden. Durch diese Erosion kann im Laufe der Zeit selbst im flachwelligen Gelände das Grundgestein an die Oberfläche treten.

Auch bei der landwirtschaftlichen Bodennutzung ist die Reliefausbildung zu berücksichtigen. Auf die unterschiedliche Wasserführung wurde bereits hingewiesen. Da im Frühjahr die Südhänge schneller als die Nordhänge abtrocknen, kann mit den Bestellungsarbeiten an den erstgenannten zeitiger begonnen werden. Die Böden der Senken trocknen am schwersten ab. Daher haben sich Bestellungsplan, Fruchtfolge und der Brigadeabschnitt nach der Reliefgestaltung zu richten. Die Brigadeabschnitte sollen nach Möglichkeit den natürlichen Grenzen (Gräben, Senken u. a.) angepaßt werden. Auch für den Einsatz größerer landwirtschaftlicher Maschinen (Traktoren, Mähdrescher) ist die Gestaltung des Reliefs ausschlaggebend, ebenso bestimmt sie die zur Erosionsbekämpfung notwendigen Maßnahmen. Die Projektierungsarbeiten für den bewässerten Ackerbau sind auf die Reliefbildung abzustellen, da hiernach die Bewässerungsart zu bestimmen ist. Sofern nach der jeweiligen Reliefgestaltung Planierungen in dem für eine Bewässerung vorgesehenen Gelände erforderlich werden, sind die nötigen Arbeiten sorgfältig zu planen. Ein gutes Hilfsmittel hierzu ist die topographische Karte mit Höhenlinien, die aber nicht alle Eigenarten des Reliefs wiedergibt.

Mitunter sind Geländegestaltungen, die die Bodengenetik bestimmen, nicht auf einer topographischen Karte vermerkt. So fehlen bisweilen gewisse Bildungen des Mikroreliefs (Senken, kleine Vertiefungen, geringe Erhöhungen usw.), unter Umständen fehlt sogar die Darstellung des Mesoreliefs. Wird bei den feldmäßigen Untersuchungen eine topographische Karte benutzt, ist besonders auf die Eigenschaften des Meso- und Mikroreliefs in der Natur zu achten, um die Ursachen häufiger Veränderungen der Bodendecke zu klären. Hierbei sind der geologische Aufbau des Geländes, die lithologische Zusammensetzung des bodenbildenden und des Grundgesteins in Beziehung zur Vegetation und Bodenbildung festzustellen. Bei der Untersuchung des Reliefs als bodenbildenden Faktor sind die absolute Höhe eines Plateaus, der Übergang zu den Hängen nach verschiedenen Richtungen sowie die Hangneigungen zu ermitteln. Unebenheiten des Plateaus, Findlinge und andere Besonderheiten sind festzulegen. Bei einer Beschreibung der Hänge sind auch deren Übergänge zu den Senken (durch schwache Neigung, unterbrochen durch Felsen oder scharfe Knicke usw.), die Zerklüftung der Hänge durch Gräben oder Senken mit Angabe ihrer Tiefe und Breite, die Neigungen der Grabenränder und Böschungen, die Grasnarbe, die Form der zwischen den Vertiefungen befindlichen Wasserscheiden zu berücksichtigen. In den Tälern sind die Ausdehnung der Auen, der darüberliegenden Terrassen, ihre Höhe, ihre Zerklüftung, die Lage von Schlenken und Wasserlöchern zu ermitteln.

Bei der Reliefbeschreibung sind folgende einheitliche Beziehungen für die am häufigsten verbreiteten Formen der Erdoberfläche zu verwenden, wobei die Reliefbildungen in folgende drei Typen gegliedert werden:

1. Das Makrorelief, das eine verhältnismäßig große Fläche mit starken Höhenschwankungen (von einigen Zehnern bis zu mehreren Hunderten von Metern) einnimmt;
2. das Mesorelief, bei dem jede Eigenschaft sich über eine geringe Fläche erstreckt Die Höhenunterschiede schwanken zwischen 1 und 10 m;
3. das Mikrorelief, das Bildungen von unbedeutendem Ausmaß (einige hundert bis zu 2 und 3 m²) aufweist. Die Höhenunterschiede sind gering, sie betragen gewöhnlich nicht mehr als 1 m, meist schwanken sie zwischen 0,30 und 0,70 m.

Die Bildungen des Makroreliefs im Gebirge:

1. Das Hochland (Gebirge) umfaßt einen größeren Teil der Erdoberfläche, der sich aus seiner Umgebung heraushebt und in dem von ihm beherrschten Raum starke Höhenunterschiede aufweist.
2. Der Gebirgsrücken bildet eine linear verlaufende Höhe, die auf mindestens zwei Seiten von parallelen Tälern begrenzt wird.
3. Die Gebirgskette erstreckt sich in größerer Ausdehnung parallel den höchsten Erhebungen.
4. Das Bergmassiv stellt umfangreiche schwach gegliederte Erhöhungen dar mit einer unausgeglichenen Ausdehnung.
5. Der Berg ist eine Erhebung mit stark hervortretender ebener, teils unebener Oberfläche. Er hat einen deutlich ausgeprägten Fuß.
6. Der Tafelberg zeigt eine flache Oberfläche mit steilen Hängen.
7. Die Bergkuppe wird durch einen abgerundeten Gipfel abgeschlossen.
8. Die Bergspitze hat einen stark abfallenden Gipfel von geringer Ausdehnung.
9. Das Kahlgebirge reicht über die Vegetationsgrenze hinaus.
10. Die Hochebene stellt eine ausgedehnte über das übrige Niveau ragende Erhebung dar.
11. Das Vorgebirge bildet den Übergang vom Gebirge zur Ebene.

Die Bildungen des Makroreliefs außerhalb der Gebirge:

1. Das Plateau ist der erhöhte Teil einer Wasserscheide, der auf allen Seiten in Hänge übergeht.

2. Der Hang steht in einem Winkel zur horizontalen Fläche.
3. Die Terrasse ist eine langgedehnte Fläche, meist massig breit, die die Neigung eines Hanges unterbricht und auf der einen Seite von einer ansteigenden, auf der anderen von einer abfallenden Fläche begrenzt wird.
4. Der Hügel erscheint als flache Erhöhung von 100 bis 200 m, meist jedoch von 40 bis 80 m, mit einem schwach ausgeprägten Fuß.
5. Die Anhöhe ist im Gegensatz zum Hügel eine nur geringe Erhebung (10 bis 25 m), zeigt aber ein enges Verhältnis zwischen Durchmesser des Fußes zur Höhe. Die Hangneigung ist stärker als beim Hügel ausgeprägt.
6. Kamm, Hügelkette und Wall stellen verlängerte Erhöhungen dar.
7. Als Barchan wird eine sandige halbmondförmige Erhebung bezeichnet.
8. Die Düne ist eine durch Flugsand gebildete Anwehung.
9. Die Schlucht zeigt einen durch die Tätigkeit des Wassers entstandenen Einschnitt mit steilen Wänden.
10. Der Graben hat flache bewachsene Wände.

Die Kombinationen verschiedener Reliefbildungen:

1. Ein geneigtes welliges Relief zeigt eine durch Erhöhungen mit schwach geneigten Hängen gegliederte Oberfläche, bei der Hänge von ebenen Flächen abgelöst werden.
2. Ein gewelltes Relief unterscheidet sich von einem geneigt-welligen durch deutliche Ausprägung der Hänge und dichtgelagerte Erhebungen.
3. Ein kämmiges, hügeliges und welliges Relief zeigt eine stark wellige Oberfläche mit höheren und tieferen Stellen.
4. Das ebene Relief umfaßt eine vollkommen gleichmäßige Fläche oder eine Fläche, auf der bisweilen schwache Erhebungen und Senken hervortreten.
5. Ist bei einem hügeligen Relief die Zahl der Erhöhungen und Senken gering, spricht man von einem schwach hügeligen Relief. Liegen die Hügel dicht beieinander und nehmen mindestens 30 bis 40% der Oberfläche ein, hat man ein stark hügeliges Relief vor sich.
6. Das Karst-Relief besteht aus einer mit Trichtern, Gruben und Kesseln durchsetzten Oberfläche.

Das Mesorelief zeigt folgende Merkmale:

1. kleine Hügel, Kämme, Erhöhungen und Rücken mit einer relativen Höhe von 1 bis 10 m;
2. flache Senken und Gräben;
3. kleine Vertiefungen, muldenförmige Senken mit Abfluß, die sich vom umgebenden Gelände abheben;
4. „Browka“ = Grenze des hydrographischen Netzes.

Zur Bezeichnung der Reliefmerkmale verwendete ortsübliche Ausdrücke sind zu erläutern.

B. Grund- und Oberflächenwasser

Außer dem Klima beeinträchtigen die natürlichen und künstlichen Gewässer die Wasserführung im Boden. Auch sie sind während der feldmäßigen bodenkundlichen Arbeiten zu untersuchen. Die Höhe des Grundwasserspiegels zeigt sich an den Grab- und Bohrlöchern. Hierfür geben auch die Wasserstände der Brunnen, Gräben und Senken Anhaltspunkte. In einem Brunnen ist nicht nur die Höhe des Grundwasserspiegels, sondern auch die Tiefe des Brunnens zu messen. Nach der topographischen Karte ist die absolute Höhe des Wasserspiegels der Flüsse und der darüberliegenden Terrassen zu messen. Durch Befragen örtlicher Stellen sind Dauer sowie Ausmaß von Überschwemmungen sowie des Eisgangs zu ermitteln. Die bei den Messungen des Grundwasserspiegels getroffenen Feststellungen, auch über den Austritt des Grundwassers an die Oberfläche, sind mit besonderen Signaturen auf der topographischen Karte zu vermerken.

Flüsse mit ständiger Wasserführung und solche mit periodischer Austrocknung sind gesondert anzuführen.

Bei einer Beschreibung sind nicht nur der am Tag der Untersuchung festgestellte Grundwasserstand, sondern auch die Grundwasserschwankungen zu notieren.

C. Ewiger Bodenfrost

Im nördlichen Teil der Sowjetunion wirkt als ausschlaggebender bodenbildender Faktor der ewige Bodenfrost. Er ist über weite Flächen des asiatischen Festlands verbreitet. Seine südliche Grenze verläuft von Beresow über Turuchansk in der Mongolei in östlicher Richtung bis Blagowestschensk zum Ochotischen Meer. Nördlich der Linie, etwa von Turuchansk in Richtung auf Jakutsk, liegt ein geschlossenes Gebiet des ewigen Bodenfrostes. Das hiervon südlich liegende Gelände wird von Schmelzwassern durchflossen. Durch die Tätigkeit der Schmelzwasser haben sich Inseln gebildet, deren Zahl in südlicher Richtung zunimmt.

S. Parchomenko stellte fest, daß ewiger Bodenfrost auch im Bereich von Leningrad, im Nordural und in Westsibirien vorkommen. Sumgin errechnete für die Verbreitung des ewigen Bodenfrostes eine Gesamtfläche von 10 Millionen Quadratkilometern, das sind rund 47% der Sowjetunion.

Der ewige Bodenfrost beeinträchtigt nicht nur die Pflanzenentwicklung, sondern er wirkt auch als ausschlaggebender Faktor bei der Reliefbildung. Eine besondere Reliefprägung, die durch den ewigen Bodenfrost hervorgerufen wird, ist die Solifluktion. Hierunter versteht man ein langsames Abgleiten der oberen Bodenschichten längs der Hänge, verursacht durch den Wechsel von Einfrieren und Auftauen. Die stärksten Reliefveränderungen durch Solifluktion treten an den Gebirgshängen in Gestalt von Wällen, Kämmen und Furchen auf. Auf den ebenen Flächen bilden sich durch wechselndes Einfrieren und Auftauen der oberen Bodenschichten Reliefformen, die sich zu Steinringen, Steingürteln oder -bändern, zu steinigen Vielecken, Steinfeldern mit Erdinseln und ähnlichen Gebilden entwickeln. Viele Wissenschaftler sehen die Ursache dieser Bildungen darin, daß durch das periodische Einfrieren und Auftauen Steine an die Oberfläche geschoben werden.

Das „Medaillon-Relief" der Tundra zeigt eine große Anzahl toniger kahler Flecke von abgerundeter oder länglicher Form. Sie sind durch Grasflächen oder bewachsene Streifen voneinander getrennt und haben eine leicht gewölbte Oberfläche mit einem Durchmesser von 0,5 bis zu einigen Metern.

Sukatschew führt derartige Reliefbildungen darauf zurück, daß eine mit Wasser gesättigte Schicht zwischen zwei gefrorenen, sich allmählich verdickenden Schichten des ewigen Bodenfrostes und des jahreszeitlich bedingten Frostes sich beim Einfrieren ausdehnt, wodurch ein Druck auf die obere Bodenschicht entsteht. Die Oberfläche reißt, und der mit Wasser gesättigte Boden tritt an die Oberfläche. Er löst starke Kräfte aus, wodurch beachtliche Flächen der oberen Bodenschicht gehoben werden. Reliefgestaltend wirken ferner im Bereich des ewigen Bodenfrostes Quellungen, die sich beim Einfrieren und Auftauen in Ackerkrume und Untergrund abspielen.

Als am meisten verbreitete Quellformen des Reliefs sind Torfhöcker oder Hydrolakkolithe bekannt, die bei verschiedener Form und Größe eine Höhe von 4 bis 8 m erreichen können. Meist schwankt ihre Höhe zwischen 1,5 und 2 m.

I. S. Stschukin berichtet darüber: Auf eine Torfschicht von 0,5 bis 2 m Mächtigkeit, die 30 bis 40 cm tief gefroren ist, folgt eine Schicht von 1 m bis 1,5 m Mineralboden, mitunter noch etwas mächtiger. Diesem ist eine kuppen- oder linsenartige Eismasse mit hervortretender Oberfläche unterlagert. Auf den Torfhöckern oder Hydrolakkolithen siedeln sich Pflanzen, von der Flechte bis zum Baum, an.

Eine verbreitete Reliefart ist der Thermokarst, der sich im Gebiet des ewigen Bodenfrosts bildet. Er entsteht durch Absenkungen infolge thermischer Veränderungen im Untergrund. Infolge Temperaturanstiegs schmilzt das Eis in den unteren Bodenschichten, die Oberfläche wird gesenkt und am Relief entstehen Vertiefungen (Senken, Trichter, Kessel usw.). Die Erhöhung der Bodentemperaturen kann durch Waldbrand, Abbrennen der Moordecke, durch Bodenumbruch u. a. verursacht werden.

Die unterschiedliche Tiefe des ewigen Bodenfrosts bedingt nicht nur eine mannigfaltige Bodenbildung, sondern auch eine verschiedenartige Vegetation, ein ungleichmäßiges Wachstum der Bäume und eine unterschiedliche Verbreitung der Wurzeln.

Tritt ewiger Bodenfrost wenige Zentimeter unter der Oberfläche auf, kann sich die Vegetation nur in einer sehr flachen Schicht entwickeln, auf die auch die Humusbildung beschränkt bleibt. Auch die Wasserführung im Boden wird durch den ewigen Bodenfrost bestimmt. Der Frosthorizont ist wasserundurchlässig und daher wasserstauend. Beim Ansteigen der Temperaturen wird der obere Horizont durch Schmelzwasser stark durchfeuchtet, der Frosthorizont wirkt als Stauschicht, und eine Versumpfung ist die Folge. Dieser Vorgang ist bisweilen in Gebieten mit geringen Niederschlägen zu beobachten.

Der ewige Bodenfrost begünstigt ferner die Kondensation von Wasserdampf in der Luft.

Der Frosthorizont des Bodens bildet eine Grenze für die Umsetzung der anorganischen und organischen Stoffe, die bei der Bodengenetik im oberen Horizont entstehen.

D. Geomorphologie

Nach der Geländeuntersuchung des Reliefs, der Geologie, Hydrogeologie, Vegetation und der Bodentypen ist die Abgrenzung geomorphologischer Unterteilungen festzulegen und in die topographische Karte einzutragen. Bei der Eintragung nach geomorphologischen Gebieten, Bezirken und Abschnitten ist in folgender Weise zu verfahren:

1. Das geomorphologische Gebiet bildet einen umfangreichen Teil eines Geländes, der nach Reliefeigenschaften, geologischem Aufbau und hydrogeologischen Verhältnissen einheitlich gestaltet ist. Es können auch bei der Gestaltung eines geomorphologischen Bezirks natürliche Veränderungen auftreten (Höhenunterschiede, Ausbildung der Reliefmerkmale, geologischer Aufbau, Grundwasserstand usw.). Solche Bildungen erscheinen meist in Gemeinschaft und zeigen eine gewisse Regelmäßigkeit.

   Beispiele: Die Kaspische Niederung, der Syrtbezirk im Transwolgagebiet, der Ust-Urt, die Westsibirische Niederung, die Wolgahöhen u. a.

2. Der geomorphologische Bezirk stellt einen Teil des geomorphologischen Gebiets dar, der nach seiner Entstehung, dem Makro- und Mesorelief sowie den hydrologischen Erscheinungen einheitlicher als das geomorphologische Gebiet ausgebildet ist.

   Beispiele: a) In der Kaspischen Niederung: α) Bezirk der „Steppenilmen", β) Bezirke der welligen Sande.
   b) Im Transwolga-Syrt: α) Bereich zwischen den Wasserscheiden, β) Gebiet der Flußtäler.

3. Der geomorphologische Abschnitt bildet einen Teil des geomorphologischen Bezirks, der nach geologischem Aufbau, Relief und Genetik vollkommen einheitlich gestaltet ist.

   Beispiele: a) Im Bezirk der „Steppenilmen" des kaspischen Gebiets: α) die Ilmenterrassen, β) die Berschen Höcker.
   b) Zwischen den Wasserscheiden des Syrtgebiets: α) Plateau der Wasserscheiden, β) die von diluvialen Syrtablagerungen gebildeten Hänge.
   c) In den Flußtälern: α) Auenterrassen, β) die über den Auen liegenden Terrassen.[1]

[1] Eine genaue Beschreibung der Relieftypen und -arten sowie der geomorphologischen Gebiete und Bezirke findet sich in folgenden Veröffentlichungen: I. S. Stschukin, Allgemeine Morphologie des Festlandes, Bd. I, 1933; Bd. II, 1938; S. A. Makejew, Die wichtigsten Relieftypen der Erdoberfläche in Karten dargestellt, 1945; P. S. Makejew, Die physikalische Geographie der UdSSR, I. Teil, Das Relief der UdSSR, 1944.

Die Untersuchung der bodenbildenden Faktoren, der Geologie und der Geomorphologie darf weder als Selbstzweck noch als eine die entsprechenden Fachkräfte ersetzende Tätigkeit betrachtet werden. Der Bodenkundler hat diese Erscheinungen in ihrer natürlichen Einwirkung auf die Bodenbildung und die Verteilung der Bodentypen im Gelände zu beachten, da ja der Boden in seinem Aufbau alle Phasen seiner Entwicklung widerspiegelt. Zur Untersuchung der geographischen Umwelt sind entsprechende Fachkräfte heranzuziehen, deren Tätigkeit den Bodenkundler aber nicht davon entbindet, außer der Wahrnehmung der bodenkundlichen Belange auch mit den anderen Fachwissenschaftlern regen Gedankenaustausch zu pflegen.

VI. Feldmäßige Bodenuntersuchungen

A. Vorbereitung und Festlegung des Untersuchungsplans

Zur Untersuchung der agro-produktiven Bodeneigenschaften werden Aufgrabungen im Gelände durchgeführt. Hierbei werden volle und halbe Grablöcher sowie Spatenaushebungen unterschieden.

Zur eingehenden Untersuchung von Ackerkrume und Untergrund muß eine volle Aufgrabung angelegt werden. Deren Tiefe richtet sich nach den einzelnen Bodenhorizonten und der Tiefenlage des Grundgesteins. Gewöhnlich wird die Tiefe einer solchen Aufgrabung 1,50 bis 3,00 m betragen. Bei allen Reliefuntersuchungen der geomorphologischen Abschnitte sind auf jedem im Gelände vorkommenden Gestein volle Aufgrabungen durchzuführen. Bei einem häufigen Wechsel des bodenbildenden sowie des Grundgesteins sind mehr Aufgrabungen nötig als bei einem einheitlichen Relief und einem gleichartig ausgebildeten bodenbildenden Gestein.

Die Aushebung halber Grablöcher dient der Untersuchung der wesentlichen Bodeneigenschaften, die bereits bei den vollen Aufgrabungen festgestellt wurden. Durch halbe Aufgrabungen werden auch die Grenzen der Bodentypen bestimmt. Die Tiefe dieser Grablöcher schwankt zwischen 0,75 und 1,00 m. Werden bei einer halben Aufgrabung Besonderheiten festgestellt, die bei vollen Aufgrabungen nicht beobachtet wurden, so ist das Grabloch zu einer vollen Aufgrabung zu vertiefen.

Spatenaushebungen werden gewöhnlich zur Feststellung der Verbreitung der Bodenarten durchgeführt. Ihre Tiefe liegt zwischen 25 und 75 cm. Bei allen Aufgrabungen muß sich der Bodenkundler darüber klar sein, in welchem geomorphologischen Bezirk, in welchem geomorphologischen Abschnitt und auf welchen Reliefbildungen die bodenkundlichen Untersuchungen durchgeführt werden sollen. Unsachgemäße Aushebung der Grablöcher nimmt viel Zeit in Anspruch, bringt unzureichende Ergebnisse, und die Darstellungen auf der ausgeführten Bodenkarte entsprechen nicht den natürlichen Verhältnissen. Die Stellen für die Grablöcher sind sorgfältig auszuwählen, auf Einheitlichkeit des Reliefs und der Vegetation ist zu achten. Bei der Untersuchung einer Niederung mit einheitlichem Relief genügt zur Bodenuntersuchung eine Aufgrabung. Bei einer größeren Ausdehnung einer Niederung (z. B. bei einer langgezogenen Terrasse eines Flußtales) ist die Aushebung mehrerer Grablöcher geboten, damit erschöpfende Betrachtungen über Einheitlichkeit oder Abweichungen angestellt werden können. Nicht nur im geomorphologischen Bezirk, sondern auch im Abschnitt (Plateau, Hang, über der Aue liegende Terrasse) lassen sich eine mannigfaltige Bildung des Mikroreliefs und eine verschiedenartige Vegetation nachweisen. In einem solchen Falle sind alle sich unterscheidenden Abschnitte des Meso- und Mikroreliefs zu untersuchen, und es ist festzustellen, welche Bodentypen zu den einzelnen Reliefabschnitten gehören und von bestimmten Pflanzengemeinschaften eingenommen werden, soweit sich eine natürliche Vegetation zeigt. Oft erscheint die Oberfläche eines Plateaus oder einer Flußterrasse als einheitlich gegliedert. Bei einer genaueren Betrachtung zeigen sich aber Vertiefungen und Senken teils mit, teils ohne Abfluß oder schwach hervortretende Plattenbildungen. Es wird also in einer scheinbar geschlossenen Bodendecke ein Mikrorelief festgestellt. Unter solchen Verhältnissen sind Grablöcher an den höheren und an den niederen Stellen anzulegen. Die Hänge der Wasserscheiden zeigen oft eine recht verschiedenartige Bodenbildung, wenn sie durch Gräben und Rinnen unterbrochen werden. An solchen Hängen sind mehrere Aufgrabungen unterschiedlicher Tiefe nötig, um die Unterschiede der einzelnen Bodentypen genau zu erkennen. Verlaufen an einem Hang Gräben und Rinnen von größerer Länge, sind die Aufgrabungen auf einer Linie anzulegen, die die Gräben an einer oder mehreren Stellen durchschneidet. Bei ungleichmäßiger Hangneigung sollen Grablöcher am Flach- und Steilhang angelegt werden. Bei gleicher Neigung langgestreckter Hänge sind Grablöcher am oberen, mittleren und unteren Teil des Hanges auszuheben. An den einzelnen Hanglagen können Gesteine verschiedener Zusammensetzung, ferner Schwankungen des Grundwassers und unterschiedliche Bodenerosion vorkommen. An den Hängen sind soviel Aufgrabungen verschiedener Tiefe vorzunehmen, daß die Abgrenzungen der ungleich durch Erosion geschädigten Böden einwandfrei in die Karte übernommen werden können. Die Ausführungen über die Verteilung der Grablöcher gelten auch bei einer Änderung der Bodentypen, die auf natürliche bodenbildende Faktoren zurückzuführen ist. Solche Aufgrabungen sind nach Möglichkeit auf jungfräulichen Böden oder langjährigem Brachland und nur im äußersten Fall auf Ackerland auszuführen.

Um den menschlichen Einfluß auf die Bodenbildung zu untersuchen, sind möglichst Stellen auszuwählen, die hinsichtlich des bodenbildenden Gesteins, der Reliefbildung und der Wasserführung einheitlich sind, sich aber durch die Art der menschlichen Bearbeitung unterschieden.

Zur Feststellung der Auswirkung einer längeren Beackerung und des Feldfutterbaues, sind Bodenuntersuchungen auf altem Ackerland, auf zeitweiser und langjähriger Brache, auf Schlägen mit verschiedenen Feldfutterpflanzen und möglichst auch auf jungfräulichen Böden durchzuführen.

Zur Untersuchung der Einflüsse von Kahlschlag und Rodung auf den Anbau landwirtschaftlicher Kulturpflanzen sind Grablöcher im Wald, am Waldrand und in der Umgebung anzulegen. Zeigen diese Grablöcher eine gleichmäßige Veränderung der Bodenbildung (Relief, bodenbildendes Gestein, Grundwasser u. a.), wird sich ein deutliches Bild über die Auswirkung der Rodung und menschlichen Arbeit ergeben.

In ähnlicher Weise sind auch die Bodenaufgrabungen bei Untersuchungen über Veränderungen infolge Be- und Entwässerung sowie anderer meliorativer und agrotechnischer Maßnahmen vorzunehmen. Hierbei ist festzustellen, wie lange ein Boden der einen oder der anderen Einwirkung ausgesetzt werden darf.

Die Veränderungen der Bodeneigenschaften als Folge dieser Einflüsse sind für die Steigerung der Bodenfruchtbarkeit ausschlaggebend.

Die jungfräulichen und Kulturböden sind auf der Bodenkarte genau abzugrenzen, damit bei den feldmäßigen Unterruchungen die Grablöcher entsprechend angelegt werden können. Das bereitet an sich keine Schwierigkeiten, da auf der topographischen Karte Wald, Wiese und Steppe gekennzeichnet sind. Der Bodenkundler muß aber die auf der Karte eingetragenen Abgrenzungen mit den gegenwärtigen natürlichen Verhältnissen vergleichen und gegebenenfalls die Karte berichtigen.

Veränderungen als Folgen menschlicher Einwirkung, wie Be- oder Entwässerung, Düngung (dunkel gefärbte Podsolböden), Kalkung, Gipsen usw., sind durch entsprechende Signaturen auf der Bodenkarte zu vermerken.

B. Morphologie der Böden und des bodenbildenden Gesteins

Jeder natürliche Körper, auch der Boden, hat hinsichtlich seiner Morphologie eine bestimmte Eigenart. Die in den einzelnen Bodenhorizonten ablaufenden chemisch-biologischen Prozesse schaffen vielseitige morphologische Bildungen, wobei als Ergebnis ein und derselben Prozesse die gleichen äußeren Erscheinungen auftreten.

Die Beziehung zwischen dem Bodenaufbau und seiner Gestaltung ermöglicht, unter Beachtung der bodenbildenden Faktoren, den inneren Aufbau als eine Auswirkung der sich im Boden abspielenden Vorgänge zu verstehen.

Eine Bestimmung des chemischen Bodenaufbaus und des mechanischen Bodengefüges kann mit Sicherheit nur durch analytische Untersuchungen getroffen werden. Bei den feldmäßigen Bodenuntersuchungen steht als wichtigstes Kriterium für den Ablauf der bodenbildenden Prozesse sowie zur Bestimmung der Bodentypen, Untertypen oder Varietäten nur der Aufbau des Bodenprofils im Vordergrund. Der Bodenkundler hat daher bei den feldmäßigen Untersuchungen sich eingehend mit der Betrachtung der morphologischen Bodeneigenschaften zu befassen. Zu den wichtigsten morphologischen Erscheinungen gehören:

1. Bodenfarbe und ihre Besonderheiten,
2. Bodenstruktur,
3. Chemischer Bodenaufbau,
4. Ausscheidungen einschließlich besonderer Bildungen,
5. Mächtigkeit der Bodenhorizonte,
6. Übergänge oder Absätze der Bodenhorizonte.

Um ein möglichst vollkommenes Bild über den chemischen Bodenaufbau zu erhalten, muß man zugleich mit der morphologischen Untersuchung auch den Gehalt an Carbonat-Alkali-Erden, an wasserlöslichen Salzen und Eisenoxyden qualitativ bestimmen. Außerdem ist die Durchwurzelung der Bodenhorizonte zu ermitteln.

C. Bodenfarbe

Die Bodenfarbe ist das wichtigste von allen Merkmalen, weil die meisten chemischen und biologischen Prozesse im Boden sich in einer Veränderung der Bodenfarbe ausdrücken.

Professor S. A. Sacharow nennt für die Veränderung der Bodenfarbe folgende Faktoren: Humusstoffe bedingen eine dunkle Färbung; Verbindungen von Eisenhydroxyd ($Fe_2O_3 \cdot H_2O$) färben die Bodenhorizonte rötlich bis rostig, bei geringen Mengen orange bis gelb; Kieselsäure (H_2SiO_3), kohlensaurer Kalk ($CaCO_3$), Kaolinit ($Al_2O_3 \cdot 2\,SiO_2 \cdot 2\,H_2O$) rufen eine weiße Färbung hervor.

Auch Eisendioxyd, Manganoxyd, schwefelsaures Eisen und andere Verbindungen können ebenso wie die jeweiligen quantitativen Verhältnisse der im Bodenbildungsprozeß entstehenden Verbindungen unterschiedliche Färbungen der Bodenhorizonte verursachen.

Es folgen einige Beispiele über den Einfluß des inneren Aufbaus der Bodenhorizonte auf ihre Färbung:

Die stärkste farbliche Veränderung des Gesteins geht vornehmlich auf die Wirkung organischer Stoffe zurück, die sich hauptsächlich in den oberen Bodenhorizonten befinden und ihnen eine dunkle Farbe verleihen. Mit zunehmender Tiefe aber nimmt die Menge der organischen Stoffe ab, die Bodenhorizonte erscheinen heller und nähern sich in ihrer Farbe allmählich dem bodenbildenden Gestein. In den unteren Horizonten heben sich gewöhnlich nur einige Flecke oder Streifen durch eine besondere Farbe ab (Humuseinlagen, Carbonate, Sulfate, Manganoxyde usw.). In der Hauptsache wird sich aber stets die Farbe des bodenbildenden Gesteins zeigen. In den südlichen humusarmen Böden tritt die Farbe des bodenbildenden Gesteins auch deutlich in den oberen Horizonten hervor. Daher kann man aus der Färbung eines Bodenhorizonts auf seinen Humusgehalt schließen. So ist eine zimtfarbig-rötliche Veränderung bei einem ausgelaugten Tschernosjom auf eine Ansammlung von Sesquioxyden, hauptsächlich Fe_2O_3, zurückzuführen.

Werden auf dem dunklen Grund eines podsolierten Tschernosjom graue Flecke sichtbar (besonders häufig bei Frostböden), so ist der Gehalt an Kieselsäure in den oberen Horizonten die Ursache.

Eine weiße Färbung des A_2-Horizontes der Podsolböden zeigt, daß beachtliche Mengen an Sesquioxyden ausgewaschen worden sind und eine Anreicherung mit Quarz stattgefunden hat.

Graue bis weiße Flecke im Tschernosjom, in kastanienfarbigen und anderen Böden der südlichen Sowjetunion, sind auf Ansammlungen von Calciumcarbonaten oder -sulfaten zurückzuführen.

Die weiße Färbung an der Oberfläche der Solontschak wird von einer Anhäufung wasserlöslicher Salze hervorgerufen.

Blaue, blaugraue und graugrüne Flecke rühren von Eisendioxydverbindungen her und zeigen überschüssige Bodenfeuchtigkeit an. Demnach deutet die Farbe der Bodenhorizonte auf die Auswirkung verschiedener im Boden ablaufender Prozesse.

Bei der Bodenuntersuchung gibt ein Vergleich der Bodenfarben mit anderen morphologischen Merkmalen Aufschluß über Typ, Subtyp oder Variation. Daher ist bei den feldmäßigen Untersuchungen die Färbung der Horizonte zu beachten.

Von den Bodenfarben sind aber nicht nur der Grundton, sondern auch die Schattierungen zu untersuchen. Der Bodenhorizont kann schwarz ohne Schattierungen sein. Bisweilen kommen auch mehrere Schattierungen vor. So können zimtfarbene Horizonte rötliche, graue und gelbliche Schattierungen aufweisen. In solchen Fällen wird die Farbe des Bodenhorizontes wie folgt bezeichnet: zimtfarben-schwarz, grau-schwarz, rötlich-zimtfarben, grau-zimtfarben usw.

In den einzelnen Bodenhorizonten können die Schattierungen unterschiedlich sein. Hat z. B. ein zimtfarbener Horizont eine ausgeprägte graue Schattierung, wird er grau-zimtfarben genannt, bei einer stärker grauen mit grau-zimtfarben.

Die grau-zimtfarbenen Horizonte der kastanienfarbenen Böden haben einen höheren Humusgehalt als die grau-zimtfarbenen und einen noch höheren als die hell-zimtfarbenen usw. Außer der Schattierung ist auch der Ton der Grundfarbe genau zu bestimmen. Ein zimtfarbener Farbton kann dunkel- oder hellzimtfarben erscheinen, ein grauer dunkelgrau oder hellgrau.

Die Farbe eines Bodenhorizontes wird als einheitlich bezeichnet, wenn der gesamte Horizont eine gleichmäßige Färbung zeigt, als uneinheitlich, wenn sich verschiedene Farben erkennen lassen.

Die uneinheitliche Färbung kann flecken-, zungen-, streifenartig oder marmoriert auftreten.

Bisweilen läßt sich ein allmählicher Übergang eines Farbtons in einen anderen beobachten.

Bei der Beschreibung eines Bodenhorizonts mit uneinheitlicher Färbung sind die vorherrschende Farbe (Grundton) sowie die Farben aller Flecken, Streifen, Punkte usw. aufzuführen. Die Ursache der Uneinheitlichkeit ist zu untersuchen; sie kann auf Humuseinschüsse, Ansammlungen von Kieselsäure, Calciumcarbonaten, Eisen- und anderen Oxyden zurückzuführen sein. Da ein feuchter Boden stets dunkler erscheint als ein trockener, sind die Farbbestimmungen möglichst an einem trockenen Boden vorzunehmen. Die farbliche Veränderung einer Bodenprobe braucht nicht ausschließlich auf Austrocknung zu beruhen, sie kann auch auf eine nachträgliche chemische Reaktion zurückzuführen sein. So verschwinden verhältnismäßig schnell die blauen und graublauen Flecke in Bodenproben versumpfter Böden, und es erscheinen braune oder rostfarbene Stellen, weil Eisendioxydverbindungen bei Luftzutritt oxydieren.

Die mechanische Struktur bedingt bei gleicher Färbung eine unterschiedliche Farbintensität.

Nach GEDROIZ hat die Vergrößerung der Oberfläche bei gleichbleibendem Volumen, aber verschiedenen Zerkleinerungsgraden folgendes Ausmaß: Der Würfel eines Feldspats mit einer Kante von 1 cm Länge hat ein Volumen von 1 cm^3 und eine Oberfläche von 6 cm^2. Wird ein solcher Würfel in kleinere, mit einer Kante von 1 mm zerlegt, ergeben sich 1000 Würfel mit dem gleichen Volumen von 1 cm^3, jedoch mit einer Oberfläche von nicht mehr 6 cm^2, sondern von 60 cm^2. Bei Aufteilung eines Kubikzentimeters in kleinere Würfel mit einer Kante von 0,001 mm Länge, wird die Oberfläche der konstruierten Würfel $6\,cm^2 \times 100\,000 = 600\,000\,cm^2$ oder 60 m^2 betragen. Sandböden haben größere Partikel als Tonböden und haben eine geringere spezifische Oberfläche, dagegen weisen die Bodenteilchen der Tonböden eine größere spezifische Oberfläche auf. Bei gleichem Humusgehalt erscheinen daher sandige oder sandig-lehmige Böden bedeutend dunkler als lehmige und tonige, weil der Humus im ersten Falle eine geringere Fläche zu färben hat als im zweiten.

Mit der Struktur ändert sich auch die Farbe des gleichen Bodens. Die Bodenfarbe soll stets an einer natürlichen Bruchstelle bestimmt werden, nicht am zerriebenen Boden, da dieser beim Zerreiben durch Umwandlung heller wird. Außerdem hängt die Bodenfarbe von der Belichtung ab. Morgens und abends erscheinen die Böden dunkler als zu den übrigen Tageszeiten.

Schließlich sei auch noch auf die subjektive Auffassung bei der Bestimmung der Bodenfarbe hingewiesen. Professor S. J. TJURMNOW berichtet: Wird nach einer hellen Oberfläche eine dunkle betrachtet, erscheint sie uns stets dunkler, als sie in Wirklichkeit ist. Wechselt dagegen eine dunkle Farbe mit einer hellen, wird diese heller empfunden, als sie tatsächlich ist. An diesem Beispiel wird deutlich, daß die Bodenfarbe ein morphologisches Merkmal ist, das man zwar leicht beobachten kann, dessen genaue Bestimmung aber mitunter Schwierigkeiten bereitet. Zuweilen sprechen zwei Bodenkundler die Farben eines Bodenhorizontes unterschiedlich an, und die Angaben weichen so stark voneinander ab, daß die bei den Bodenuntersuchungen festgestellten Farbunterschiede schwer in Einklang zu bringen sind. Zur Farbbestimmung fehlt eine allgemein gültige Nomenklatur. Es ist daher Sache der Bodenkundler, eine solche auszuarbeiten und aus den vorhandenen Bodenproben eine Farbtafel zur Bestimmung der in den Horizonten vorkommenden Farben aufzustellen, die für die in einer bodenkundlichen Abteilung arbeitenden Fachkräfte bindend ist.

D. Struktur

„Unter Struktur versteht man die Eigenschaft des Gesteins, aus den mechanischen Einheiten zusammenhängende Teilchen abzugeben. Die Bodenstruktur ist eine der Voraussetzungen, von denen der Ertragswert des Bodens abhängt. Die Bodenstruktur bildet den Ausgleich zwischen Luft- und Wasserführung“ (GEDROIZ).

Die Bodenstruktur vermittelt einen Einblick in den genetischen Aufbau der Bodenhorizonte (chemische und mechanische Zusammensetzung und physikalische Eigenschaften).

Das Akademiemitglied WILJAMS charakterisiert die Bodenstruktur folgendermaßen: Die Strukturböden besitzen eine hohe Wasserdurchlässigkeit und eine gute Wasserkapazität. Sie nehmen fast die gesamten jährlichen Niederschläge auf, speichern sie und bewahren sie vor ungenutzter Verdunstung. Eine bindige Struktur schafft die besten Voraussetzungen für eine ungestörte Nährstoffversorgung der Kulturpflanzen und damit die Grundlage für ein gedeihliches Wachstum. Die landwirtschaftliche Bearbeitung eines Strukturbodens bereitet keine Schwierigkeiten. Die praktischen Erfahrungen lehren, daß bei Verbesserung der Bodenstruktur im allgemeinen die Düngemittel besser ausgenutzt werden. Doch nicht jede Struktur bewirkt eine Steigerung der Bodenfruchtbarkeit. Körnige und krümelige Struktur schafft besonders gute Voraussetzungen für den Ackerbau. Sie hat eine gewisse Festigkeit, daher kann das Wasser die zusammenhängenden Bodenteilchen nicht auswaschen. In einigen Böden bleiben die Bodenkrümel im trockenen wie im feuchten Zustand erhalten (toniger Tschernosjom), in anderen nur bei Trockenheit, weil sie durch Feuchtigkeit bald zerstört und in eine strukturlose Masse (säulenartiger Solonez) verwandelt werden.

Die säulenartige Struktur wirkt in ackerbaulicher Hinsicht ungünstig. Im B-Horizont der Solonez-Böden finden sich größere Mengen adsorbiertes Natrium. In diesem Horizont sammeln sich zahlreiche kolloid-disperse Partikel an, die beim Eindringen der Feuchtigkeit stark quellen und klebrig werden; schließlich verdichten sie sich zu einer grobkörnigen Masse. Die säulenartige Struktur erhöht die wasserhaltende Kraft und Quellfähigkeit eines Bodens, vermindert aber seine Durchlässigkeit. So ist es sehr schwierig, ihn in einen für das Wachstum der landwirtschaftlichen Kulturpflanzen günstigen physikalischen Zustand zu bringen.

Nicht nur die Bodenstruktur der einzelnen Bodentypen sondern auch die der Bodenhorizonte des gleichen Bodentyps ist recht unterschiedlich. Die Bodenstruktur teilt man nach folgender Nomenklatur ein:

Bezeichnung der Struktur						
			16	bleistiftförmig	Breite unter	1,0 cm
			17	klein säulenartig	,, ,,	1,0—2,0 cm
1	schluffig	unter 0,25 mm	18	mittel säulenartig	,, ,,	2,0—5,0 cm
2	staubförmig	0,25—0,5 mm	19	grob säulenartig	,, über	5,0 cm
3	pulverförmig	0,5 —1,0 mm	20	klein prismatisch	,, ,,	1,0—2,0 cm
4	kleinkörnig	1,0 —3,0 mm	21	mittel-prismatisch	,, ,,	2,0—5,0 cm
5	mittelkörnig	3,0 —5,0 mm	22	grob-prismatisch	,, über	5,0 cm
6	grobkörnig	5,0 —7,0 mm	23	blattförmig	Stärke	1 mm
7	feine Krümelstruktur	1,0 —1,5 cm	24	lamellenförmig	,,	1— 5 mm
8	mittelkrümelig	1,5 —2,0 cm	25	klein-lamellenförmig	,,	5—10 mm
9	grobkrümelig	2,5 —4,0 cm	26	mittel-lamellenförmig	,,	1—1,5 cm
10	kleinkrümelig, flach	unter 1,5 cm	27	grob-lamellenförmig	,,	1,5—2,0 cm
11	mittelkrümelig, flach	1,5 —2,0 cm	28	tafelartig	,,	über 2,0 cm
12	grobkrümelig, flach	2,5 —4,0 cm	29	kleinschuppig	,,	unter 1 mm
13	kleinklumpig	3,0 —5,0 cm	30	mittelschuppig	,,	1—2 mm
14	mittelklumpig	5,0 —7,0 cm	31	grobschuppig	,,	über 2 mm
15	grobklumpig	über 7,0 cm	32	linsenförmig	,,	,, 1—3 mm

Die Bodenstruktur wird nach Größe, Form und Prägung unterschieden. Die einzelnen Gebilde können eben, stufen- oder muschelförmig, matt oder glänzend sein.

An den Bruchstellen können sie dunkel oder hell erscheinen. Überwiegt z. B. die Krümelstruktur, während die körnige zurücktritt, wird sie als krümelig und körnig bezeichnet. Tritt eine bestimmte Struktur nur an einzelnen Stellen eines Bodenhorizonts auf, ist das bei der Profilbeschreibung zu berücksichtigen.

E. Bodenfeuchtigkeit

Die Bodenfeuchtigkeit beeinflußt die Bodenfarbe und Bodenstruktur. Unter Umständen kann aus dem Feuchtigkeitsgehalt der unteren Bodenhorizonte auf Grundwasserschwankungen geschlossen werden. In der Profilbeschreibung ist der Feuchtigkeitsgehalt der einzelnen Bodenhorizonte nach folgender Einteilung zu vermerken:

1. Naß: Beim Zusammendrücken des Bodens mit der Hand tritt Wasser aus.
2. Stark feucht: Beim Zusammendrücken mit der Hand verwandelt sich der Boden ohne Wasseraustritt in eine breiige Masse.
3. Feucht: Die Hand spürt beim Zusammendrücken des Bodens Feuchtigkeit.
4. Schwach feucht: Beim Zusammendrücken des Bodens merkt man eine Abkühlung der Hand.
5. Trocken: Beim Zusammendrücken läßt sich keine der genannten Erscheinungen wahrnehmen.

F. Bodendichte

Die Dichte eines Bodens wird nach dem Widerstand gemessen, den er beim Zerdrücken mit der Hand oder mit einem Spezialgerät (Dichtemesser KATSCHINSKIS, GOLUBEWS) entgegengesetzt. Schon durch ein einfaches Verfahren kann man die Dichte eines Bodens im trockenen Zustand feststellen:

1. Sehr dicht: Ein Meißel oder Messer kann nur mit Gewalt in den Boden getrieben werden.
2. Dicht: Zum Einführen eines Messers oder Meißels in geringe Bodentiefen (1 bis 2 cm) ist starke Gewaltanwendung erforderlich.
3. Verdichtet: Das Einführen eines Messers oder Meißels in Bodentiefen von 2 bis 3 cm erfordert geringe Kraft.
4. Schwach verdichtet: Das Einführen eines Messers oder Meißels in den Boden bedarf keiner Gewaltanwendung.
5. Locker: Der Boden fällt beim leichten Zusammendrücken auseinander.

G. Bodenporosität

Die Bodenporosität richtet sich nach Anzahl und Ausbildung der im Boden befindlichen Hohlräume (luftgefüllte Räume).

Professor SACHAROW unterscheidet eine Porosität zwischen den Bodenkrümeln und innerhalb der Bodenkrümel.

Die Porengröße zwischen den Krümeln wird nach folgender Einteilung gemessen:

1. Feinporig	bei	einem	Durchmesser	von	etwa	1 mm
2. Porig	,,	,,	,,	,,	,,	1 bis 2 mm
3. Grobporig	,,	,,	,,	,,	,,	2 bis 3 mm
4. Schwammartig	,,	,,	,,	,,	,,	3 bis 5 mm
5. Lochartig	,,	,,	,,	,,	,,	5 bis 8 mm
6. Eiförmig	,,	,,	,,	über		8 mm

Nach dem Ausmaß der luftführenden Hohlräume richtet sich die Gestaltung der Bodenkrümel:

1. Schwachporig bei nur wenigen Poren mit einer Entfernung von 1,5 bis 2,0 cm.
2. Porig bei einer Porenentfernung von etwa 1 cm.
3. Stark porig bei einem Porenabstand von 0,5 cm und weniger.

Nach der Ausdehnung der luftführenden Räume zwischen den Krümeln werden folgende Zerklüftungen unterschieden:

1. Feine Risse mit einer Breite bis	2 mm
2. Risse mit einer Breite von	3 bis 5 mm
3. Grobrissige Einschnitte von	6 bis 10 mm
4. Spaltige Einschnitte mit einer Breite von über	1 cm.

H. Ausscheidungen, Einschlüsse und besondere Bildungen

Infolge verschiedener im Boden ablaufender Prozesse werden unterschiedliche Ausscheidungen beobachtet: Farbtöne, wasserlösliche Salze, Kalkkonkretionen, Ausfällungen, Gipskristalle, Ortsteinbildungen, Eisendioxyd- und Oxydverbindungen u. a. Bei den feldmäßigen Bodenuntersuchungen sind diese Ausscheidungen zu beschreiben, da nach ihrem Ausmaß auf die Bodenbildung sowie Ertragsfähigkeit geschlossen werden kann (Auslaugungsgrad der Carbonate und Sulfate, der Alkalierden, Versumpfung usw.).

Meist zeigen sich die Ausscheidungen in einer ungleichmäßigen Verteilung; ihr einzelnes und massenweises Auftreten, ihre Lage und Ausdehnung sind zu untersuchen. Die Ausscheidungen in den einzelnen Bodenhorizonten unterscheiden sich nach Aufbau und Gestalt. Die häufigsten teilt A. A. KRASJUK in folgende Gruppen ein:

1. Ausscheidungen wasserlöslicher Chlorid- und Sulfatsalze ($NaCl$, $CaCl_2$, $MgCl_2$, Na_2SO_4).
   Sie kommen besonders in Salzböden (Solontschak, solontschakartigen Böden und Solonez) vor. Sie zeigen folgende Ausbildung:
   a) weißen Anflug und Färbungen;
   b) weiße Einsprengungen und Salzadern.

2. Ausscheidungen von Gips ($CaSO_4 \cdot 2\,H_2O$):
   a) weißer Anflug;
   b) weiße Färbungen;
   c) Körnchen;
   d) Kristalle;
   e) zusammengewachsene Kristalle.
3. Ausscheidungen von kohlensaurem Kalk ($CaCO_3$):
   a) weißer Anflug;
   b) Kalkschimmel;
   c) Pseudomyzele;
   d) weiße Augen (weiße deutlich abgegrenzte Flecke);
   e) „Kraniche“ (mehr oder weniger Dichte, geschlossene Kalkansammlungen);
   f) aufgeblähte Stellen aus hohlen Kalkansammlungen, von denen aus radiale Risse verlaufen;
   g) Hohlstücke aus ziemlich großen und dichten Kalkansammlungen, von einigen Zentimetern, innen mit abgebröckelten Kalkstückchen die beim Schütteln klingen;
   h) Kalkklümpchen verschiedenartiger Form mit einer Korngröße von über 10 cm.
4. Ausscheidungen von Sesquioxyden Eisen (Fe_2O_3), Aluminium (Al_2O_3), Mangan (Mn_3O_4) und Phosphorsäure (P_2O_5):
   a) Anflüge von Schimmelbildung und Ausfällungen, die aus ockerfarbigen, zimtfarbenen und dunkelbraunen Ausscheidungen an den Oberflächen der Krümel und in Rissen erscheinen;
   b) farbliche Veränderungen, Flecke, Einschlüsse, Zungen und Abarten verschiedener Farbtönungen und Schattierungen (ockerfarben, himbeer-braunfarben, dunkelbraun, rötlichbraun u. a.);
   c) Pseudofiber und Ortsand, die als ockerfarbene und rötlichbraune lockere verzweigte Adern der Sesquioxyde im sandigen Untergrund vorkommen;
   d) dunkelbraune Punkte,. Eisenkonkretionen (Erzkörner) sowie abgerundete Bohnenformen von kleinen Körnchen bis zur Größe einer Haselnuß;
   e) eisenhaltige Röhrchen mit einem konzentrischen Aufbau im Querschnitt;
   f) Ortstein, Raseneisenstein und eisenhaltige Bildungen von dunkelbrauner bis dunkler Farbe, bisweilen auch dichte ockerfarbige Ansammlungen von Sesquioxyden, Phosphor- und organischen Verbindungen. Sie besitzen die Form von geschlossenen Streifen, Zwischenschichten, Platten oder Einlagerungen.
5. Die Ausscheidungen von Eisendioxyd in sumpfigen und Sumpfböden:
   a) graublaue Häutchen;
   b) grünlich-graue oder graublaue Flecke und Streifen im versauerten Untergrund (die an der Luft braun werden).
6. Ausscheidungen der Kieselsäure:
   a) Zusätze oder Puderung von Kieselerde, d. h. ein feiner grauer Anflug auf den einzelnen Krümeln;

b) weiße Flecke, Einschlüsse, Zungen oder Taschen, charakteristisch für Podsolböden;
c) weiße Zusätze von Kieselerde, welche die Krümel durchdringen (podsolierter Tschernosjom).

Tierknochen, Muscheln u. a. werden als Einschlüsse bezeichnet und sind an der Bodenbildung nicht beteiligt.

Besondere Bildungen werden innerhalb der Bodenhorizonte durch Wühler (Maulwürfe usw.) verursacht.

Die im Zusammenhang mit dem ewigen Bodenfrost auftretenden Erscheinungen wurden bereits oben eingehend geschildert. Auf einige Frostbildungen und -wirkungen soll noch kurz hingewiesen werden.

Sumgin und Demtschinski stellten folgende fest:

1. kleine alle Bodenhorizonte durchdringende Eiskristalle (hauptsächliche Erscheinung des Bodenfrosts);
2. einzelne im gefrorenen und aufgetauten Boden eingelagerte Eislinsen;
3. in verschiedenen Tiefen und Lagerungen befindliche Eisschichten;
4. Eisplatten;
5. wasserlose oder trockene Frosterscheinungen, die zwar keine Veränderungen im Boden hervorrufen, doch durch niedrige Temperaturen festzustellen sind. Sie werden in Sanden, lockeren Sandböden und in dichtem Gestein beobachtet.

Mitunter wechseln Frostschichten mit aufgetautem Boden. Ausweitung und Dauer des Frostes beeinflussen die Bodenstruktur. Durch ihre mechanische Zusammensetzung leiten die leichteren Böden und Gesteine (Sande und Sandböden) die Wärme besser als die schweren (lehmige und tonige). Die besten Wärmeleiter unter den Böden sind Torfe und Moore.

Entsprechend dem Bodenaufbau und den Umwelteigenschaften bewegt sich der Bodenfrost in weiten Grenzen. Nach Sumgin und Demtschinski gibt es Ende August in Jakutsk noch Stellen, die erst bis 20 oder 30 cm aufgetaut sind, während in anderen Gegenden die aufgetaute Schicht bereits eine Tiefe von 2,25 m erreicht hat.

Wenn man in Gebieten mit ewigem Bodenfrost die Bodentemperaturen von der Oberfläche bis zum Grund der Aufgrabungen mißt, kann man den Frost auch in den Horizonten feststellen, in denen er sonst nicht wahrnehmbar wäre (trockener Frost).

I. Die Bodenhorizonte

Unter Berücksichtigung aller morphologischen Erscheinungen, die den Ablauf der Bodenbildung widerspiegeln, werden die Bodenhorizonte untersucht. Meist sind sie durch ihre Färbung deutlich voneinander zu unterscheiden. Durch den Humusanteil erscheinen die oberen Horizonte dunkler.

Auch kann an der mechanischen Bodenzusammensetzung die Begrenzung der Horizonte festgestellt werden, soweit sie das Ergebnis bodenbildender Prozesse, aber nicht eine Eigenschaft des bodenbildenden Gesteins ist. Das gesamte Bodenprofil wird in Oberboden, Unterboden und Untergrund eingeteilt.

Der Oberboden gliedert sich meist in den A- und B-Horizont, der Untergrund wird als C-Horizont (bodenbildendes Gestein), das darunter liegende Gestein, das an der Bodenbildung nicht beteiligt ist, als D-Horizont bezeichnet.[1]

Im A-Horizont ist die Bodenbildung am besten ausgeprägt, er hebt sich deutlich gegen das bodenbildende Gestein ab. Als B-Horizont wird der Rohboden benannt, der äußerlich in vielen Böden (Tschernosjom, kastanienfarbigem Boden u. a.) einen Übergang vom A- zum C-Horizont darstellt. In anderen Böden (Solonez, Podsol u. a.) unterscheidet sich der B-Horizont insofern wesentlich vom A-Horizont, als er allmählich in den Untergrund übergeht.

Jeder Horizont kann in Unterhorizonte eingeteilt werden, z. B. A_1, A_2, seltener auch A_3.

Bei den flachgründigen Steppenböden (südlicher Tschernosjom, kastanienfarbiger Boden, Grauboden u. a.) ist eine Unterteilung des A-Horizontes nicht immer möglich.

Als Übergang vom A- zum B-Horizont wird in einigen Böden der AB-Horizont eingeschoben, der morphologisch und auch chemisch eine allmähliche Überleitung bildet. In dem im Solotprozeß befindlichen Solonez bedeutet der AB-Horizont den Teil des Bodenprofils, in dem die bodenbildenden Prozesse eingeleitet werden. Er gehört zum Unterhorizont A_2 und wird allmählich in den B_1 übergeleitet. In den Solot-Solonezböden zeigt der AB-Horizont helle Flecke, die sich nach Farbe und Struktur dem A-Horizont nähern; dichtere zimtfarbene Flecke deuten auf den Rest eines ehemaligen B-Horizonts hin.

Auch bei Podsolböden ist die Bildung eines AB-Horizontes möglich. Am Schluß der Beschreibung eines Bodenhorizontes ist zu erklären, auf welche Weise sich der Übergang des einen Horizontes in den anderen vollzieht (nach Farbe, Struktur und sonstigen Merkmalen). Folgende Übergänge werden gefunden:

a) sehr scharf (im säulenartigen Solonez);
b) scharf (in stark solonezhaltigen und Podsolböden);
c) deutlich (in Podsolböden und mittel- bis solonezartigen Böden);
d) allmählich (in kastanienfarbigen Böden sowie im Tschernosjom, auch in den unteren Horizonten der meisten Böden);
e) ganz allmählich (in Tschermosjom).

[1] In Deutschland sind folgende Bezeichnungen üblich: Die Ackerkrume umfaßt gewöhnlich den A-Horizont, gegebenenfalls mit den Unterteilungen A_1 und A_2. Der unter der Ackerkrume liegende Rohboden ist der B-Horizont. Der mit Bodenleben angereicherte A-Horizont gilt als Auswaschungs- oder Eluvialzone, aus welcher die löslichen Substanzen durch Sickerwasser fortgeführt werden, wogegen in der Regel der darunter liegende B-Horizont einen Einschwemmungshorizont oder Illuvialhorizont darstellt. Das Ausgangsgestein des Bodens wird als C-Horizont angesprochen. Das Material des Untergrunds, aus dem sich der darüber liegende Boden selbst nicht entwickelte, wird als D-Horizont bezeichnet. — Herausg.

Es folgt eine Beschreibung der wichtigsten morphologischen Horizontmerkmale, die sich nach ihrer Genetik unterscheiden.

Bei den Schwarzerdeböden wird zum A-Horizont der humose, dunkle, grauschwarz bis schwarz gefärbte Boden gerechnet. Im typischen Tschernosjom hat der A-Horizont eine körnige, bisweilen auch eine krümelige Struktur. Er geht allmählich in den B_1-Horizont über; an seiner unteren Grenze zeigen sich gewöhnlich farbliche und strukturelle Veränderungen. Im fruchtbaren Tschernosjom zerfällt der A-Horizont meist in die Horizonte A_1 und A_2. Mit zunehmender Tiefe nimmt die körnige Struktur zu.[1]

Beim flachgründigen Tschernosjom der südlichen Gebiete sind nur selten zwei Unterhorizonte zu unterscheiden.

Der fruchtbare Tschernosjom hat im oberen Teil des B_1-Horizontes eine einheitliche dunkle, fast schwarze Farbe mit bräunlicher Schattierung, die nach unten zunimmt; im mittleren Teil befinden sich graubraune Flecke. Nach der unteren Grenze des B_1-Horizontes nimmt die Zahl dieser Flecke zu, der Grundton hellt sich auf. Der B-Horizont unterscheidet sich vom A durch seine Struktur und Dichte; die Krümel werden gröber, es entstehen kleinkrümelige Gebilde mit flacher Form, die nach der Tiefe zunehmen.[2]

Der südliche Tschernosjom ist deutlich ungleichmäßig gefärbt. Breite dunkle zapfenförmige Humusbildungen wechseln mit hellen ab, die sich in tieferen Lagen erweitern. Die Grenze des B_1-Horizontes hat bei den südlichen Schwarzerden einen Anteil von 25 bis 30% hellerer Streifen.

Mit zunehmender Tiefe geht die körnig-krümelige Struktur des B_1-Horizontes in eine grobkrümelige über.

Die ungleichmäßige Färbung des B_2-Horizontes ist für den gesamten Tschernosjom charakteristisch. Im dunkelbraunen oberen Teil des Horizontes finden sich dunklere Flecke, im unteren hellere. Der B_3-Horizont ist gewöhnlich graubraun gefärbt mit schmalen Humuseinschnitten und anderen Flecken.

Bei den südlichen Schwarzerdeböden bewegt sich die Tiefe der Karbonatausscheidungen zwischen 50 und 60 cm, bei den tiefgründigen zwischen 80 und 90 cm, zuweilen noch darunter. Der Übergang von einem Horizont in den anderen vollzieht sich innerhalb der Schwarzerdeböden allmählich.

Gänge von Maulwürfen und anderen Wühlern sind für die Schwarzerdeböden typisch.

Diese kurze Charakteristik der Bodenhorizonte bezieht sich auf die auf dem Syrton des südlichen Transwolgagebiets entstandenen Schwarzerdeböden.

Bei den Solonezböden rechnet der A-Horizont bis zu der Tiefe, in der Verdichtungen festgestellt werden; dort beginnt der B-Horizont. Beim A-Horizont des Solonez werden stets zwei Unterhorizonte unterschieden, der dunklere A_1 und der hellere A_2. Der letztgenannte hat eine graue bis weiße Farbe und eine

[1] Eine Änderung der Struktur ist nach der in Deutschland vertretenen Auffassung nicht als Bildung eines B-Horizontes zu bezeichnen. — Herausg.

[2] In Deutschland werden zum Profil der Schwarzerdeböden zwei Horizonte gerechnet, A und C, die gegebenenfalls noch in entsprechende Unterhorizonte geteilt werden. — Herausg.

Lamellen- bis Blattstruktur von starker Porosität. Der Übergang des A_2-Horizontes in den B_1 ist gut feststellbar.

Der B_1-Horizont des Solonez ist dicht gelagert und zeigt im trockenem Zustand eine säulenartige oder prismatische Struktur. Die säulenartigen Gebilde haben gewöhnlich abgerundete Spitzen. Die Horizontfarbe ist einheitlich, in den südlichen Gebieten braun oder dunkelbraun, im Bereich der Schwarzerdeböden schwarz.

Der Übergang zum B_2-Horizont vollzieht sich allmählich, er ist nach Farbe und Dichte weniger ausgeprägt und läßt meist eine deutliche, mitunter eine scharfe Änderung der Struktur erkennen. Der B_2-Horizont ist heller als der B_1, gewöhnlich hat er eine flache kleinkrümelige Struktur, oftmals auch eine säulenartige. In diesem Horizont sind regelmäßig Carbonatausscheidungen, vereinzelt auch Sulfatausscheidungen zu beobachten. Der Übergang zum B_3 ist nicht klar ausgeprägt, in einzelnen Fällen geschieht er allmählich.

Im südlichen Gebiet ist die Farbe des B_3-Horizontes gelblichbraun, in den Schwarzerdegebieten graubraun.

Im Solonez werden unterhalb des B-Horizontes Carbonate und Sulfate in verschiedenen Tiefen ausgeschieden. Im Solonez mit sekundärer Versalzung sind derartige Ausscheidungen (besonders Sulfate) auch im B_1-Horizont festzustellen. Der obere A-Horizont der Podsolböden hat eine graue oder weißliche Farbe. Bei einem unbearbeiteten Boden zeigt sich stets eine 2 bis 3 cm mächtige Schicht von Waldstreu oder Rohhumus, die bisweilen auch tiefer reicht.

Der A-Horizont gliedert sich in die Unterhorizonte A_1 und A_2. Der A_2 ist hellgrau, hat eine unbeständige Krümel- oder Lamellenstruktur und enthält reichlich Quarzkörner. Der hellgraue A_2-Horizont hat eine unbeständige blatt- oder lamellenartige, im oberen Teil oft schluffige Struktur.

Der B-Horizont wird gewöhnlich in drei Unterhorizonte geteilt. Der graue bis braune B_1-Horizont zeigt Flecke oder Zapfen von Kieselerde. Er ist dicht gelagert und von plattiger oder flachkrümeliger Struktur.

Der hellere B_2-Horizont ist schwach ausgeprägt, mitunter auch braun oder rötlich schattiert, von flachkrümelig-dichter bis sehr dichter Struktur mit Einlagerung von Quarzkörnern. Die Farbe des B_3-Horizontes kommt der des Untergrunds nahe, hebt sich aber von diesem durch graubraune Schattierung ab. Quarzkörner finden sich selten, die Struktur ist flach bis grobkrümelig.

J. Wurzelsystem der Pflanzen

Das Wurzelsystem der Pflanzen ist bei der Untersuchung der Bodenhorizonte sowie des gesamten Bodens zu berücksichtigen. Zusammen mit der oberirdischen Pflanzenmasse rechnen die Wurzeln zu den bodenbildenden Faktoren. Außerdem sind sie verschiedenen Einflüssen des Bodens ausgesetzt. In den Bodenhorizonten beeinflussen die Wurzeln die Humusbildung und den Humusgehalt, die Struktur, die Bewegung der Mineralstoffe und des Bodenwassers aus den unteren Bodenschichten in die oberen.

Zahlreiche Arbeiten besagen, daß die Verteilung der Pflanzenwurzeln im Boden nicht allein von der Eigenart der Pflanzen, sondern auch von der Bodenbeschaffenheit abhängt. Dichte, Struktur, Nährstoffgehalt, Feuchtigkeit und andere Bedingungen beeinflussen die Ausbildung der Wurzeln. Die nachstehenden Beispiele geben einen Überblick über die Verteilung der Wurzeln in verschiedenen Böden.

TABELLE 7

Die Entwicklung der Flachswurzeln in verschiedenen Böden

In podsolierten Lehmböden des Moskauer Gebietes[1]			In kastanienfarbenen Böden der Uralsker landwirtschaftl. Versuchsstation[2]		
Bodenhorizonte	Möchtigkeit der Bodenhorizonte in cm	Anzahl der Wurzeln in % zum Gesamtgewicht	Bodenhorizonte	Mächtigkeit der Bodenhorizonte in cm	Anzahl der Wurzeln in % zum Gesamtgewicht
A_1	0 bis 19	82,5	A	0 bis 19	33,7
A_2	19 „ 37	13,5	B_1	19 „ 40	16,4
B_1	37 „ 55	2,4	B_2	40 „ 62	12,1
B_2	55 „ 85	1,2	BC_1	62 „ 88	16,4
B_3	85 „ 115	0,4	BC_2	88 „ 107	9,5
			C_1	107 „ 142	9,5
			C_2	142 „ 157	2,4

[1] nach Angaben N. A. KATSCHINSKIS
[2] nach Angaben N. W. ORLOWSKIS

Die Aufstellung zeigt, daß im oberen Teil der Podsolböden (bis 19 cm) sich bis 82,5% der Flachswurzeln ausbreiten, während in den kastanienfarbenen Böden in diesem Horizont nur 33,7% festgestellt werden. Bei 85 bis 115 cm Bodentiefe finden sich in den Podsolböden keine Wurzeln mehr, während ihr Anteil in den kastanienfarbenen Böden noch 9,5% beträgt.

Wie Tabelle 8 zeigt, entwickeln sich die Weizenwurzeln in den verschiedenen Böden ungleichmäßig. In den kastanienfarbigen Böden und im Tschernosjom erreichen sie beachtliche Tiefen, während sich in den Podsolböden etwa 90% der Wurzeln im A_1-Horizont in einer Tiefe bis etwa 20 cm ausbreiten. Die Untersuchungen ergeben, daß der Bodentyp das Wachstum und die Verbreitung der Pflanzenwurzeln stark beeinflußt. Genaue Ergebnisse werden durch Auswaschen und Abwiegen der Wurzeln gewonnen. Diese Arbeiten nehmen aber viel Zeit in Anspruch und sollten daher nur in besonderen Fällen durchgeführt werden.

Methoden zur Untersuchung der Pflanzenwurzeln wurden von folgenden Forschern ausgearbeitet:

N. A. KATSCHINSKI, Die Verbreitung der Pflanzenwurzeln in den Podsolböden. Moskau 1925;

M. S. SSHALYT, Die unterirdischen Teile einiger Gras-, Steppen- und Halbwüsen- sowie Wüstenpflanzen. Arbeiten des Botanischen Komarow-Instituts der Akademie der Wissenschaften der UdSSR, Geobotanik, Ausgabe 6, 1950.

Bei den feldmäßigen Bodenuntersuchungen kann die Anzahl der Wurzeln in den einzelnen Bodenhorizonten durch Auszählen bestimmt werden. Hierbei lassen sich auch die Auswirkungen einzelner Horizonteigenschaften auf das Wurzelsystem erkennen.

TABELLE 8

Die Entwicklung der Weizenwurzeln in verschiedenen Böden (nach Arbeiten N. W. ORLOWSKIS)

Podsol des Moskauer Gebietes			Dunkel-kastanienfarbiger Boden aus dem Gebiet von Saratow			Schwarzerde aus dem Gebiet von Rostow		
Boden-horizonte	Mächtigkeit der Bodenhorizonte in cm	Zahl der Wurzeln in % zum Gesamtgewicht	Boden-horizonte	Mächtigkeit der Bodenhorizonte in cm	Zahl der Wurzeln in % zum Gesamtgewicht	Boden-horizonte	Mächtigkeit der Bodenhorizonte in cm	Zahl der Wurzeln in % zum Gesamtgewicht
A_1	0 bis 20	89,3	A	0 bis 20	47,0	A_1	0 bis 18	60,0
A_2	20 „ 32	5,3	B_1	20 „ 40	17,2	A_2	18 „ 52	17,0
B_1	32 „ 55	3,9	B_2	40 „ 60	16,6	B_1	52 „ 94	20,0
B_2	55 „ 88	1,2	C_1	60 „ 80	11,0	B_2	94 „ 152	3,0
B_3	88 „ 100	0,3	C_2	80 „ 100	8,2			

K. Mechanische Bodenzusammensetzung

Zur Bestimmung der mechanischen Bodenzusammensetzung wird für die feldmäßigen Untersuchungen folgende Einteilung empfohlen:

Tonböden mit einer Korngröße von	< 0,01 mm über	50%
Schwere Lehmböden mit einer Korngröße von	< 0,01 mm „	50—40%
Lehmböden „ „ „ „	< 0,01 mm „	40—30%
Sandige Lehmböden „ „ „ „	< 0,01 mm „	30—20%
Lehmige Sandböden „ „ „ „	< 0,01 mm „	20—14%
Sandböden „ „ „ „	< 0,01 mm „	14— 9%
Leichteste Sandböden „ „ „ „	< 0,01 weniger als	9%
Schwach schotterige Böden mit einem Schottergehalt von		5—15%
Mittel „ „ „ „ „ „		16—30%
Stark „ „ „ „ „		über 30%

Die Bestimmung der mechanischen Bodenzusammensetzung erfolgt durch Zerreiben der Erdklümpchen auf der Handfläche nach der Richtung des Striches, der bei der Bodenentnahme an der Wand des Profils geführt wurde. Vor Beginn der bodenkundlichen Tätigkeit sind besonders für Anfänger auf diesem Gebiet die in der Tabelle angegebenen Richtlinien ein gutes Hilfsmittel.

Die bei der feldmäßigen Bestimmung gefundenen Ergebnisse werden bei der Auswertung der Bodenproben im Laboratorium überprüft. Nach der mechanischen Analyse wird für die Beschreibung der Böden eine Klassifikation nach den sich an den Bruchstellen zeigenden Erscheinungen festgelegt. KATSCHINSKI schlägt folgende Unterteilung innerhalb der häufigsten Spannen vor:

Sand 3 bis 0,05 mm Schluff 0,05 bis 0,001 mm Schlamm unter 0,001 mm

Durch diese Einteilung werden nach ihrer mechanischen Zusammensetzung folgende Böden unterschieden:

I. Schwere Ton- und Tonböden	1. schluffig-schlammige Böden
	2. schlammig-schluffige „
II. Schwere Lehmböden	1. schluffig-schlammige „
	2. schlammig-schluffige „
	3. sandig-schluffige „
	4. schluffig-sandige „
III. Lehmböden	1. schluffig-schlammige „
	2. schlammig-schluffige „
	3. schlammig-sandige „
	4. schluffig-sandige „
	5. sandig-schlammige „
	6. sandig-schluffige „
IV. Sandige Lehmböden	1. schluffige „
	2. schlammig-sandige „
	3. sandige „
V. Lehmig-sandige Böden	1. schluffige „
	2. schlammig-sandige „
	3. sandige „
VI. Sandige und leichteste Sandböden	1. schluffige „
	2. schlammig-sandige „
	3. sandige „

Anmerkung: Die sandigen Lehmböden, lehmig-sandigen, sandigen sowie leichtesten Sand- bis schluffigen Böden haben als zweite Fraktion Sand (< 0,05 mm). Bei den leichten Lehmböden, den lehmig-sandigen, sandigen und leichtesten Sandböden kommt als zweite vorherrschende Fraktion Schluff in Betracht (0,05—0,001 mm). Zu den schweren Tonböden gehören solche, deren Partikel zu 80% eine Korngröße von 0,01 mm aufweisen. Treten die sandigen und leichtesten Sandböden hinsichtlich ihrer Fraktion als sandige auf, so wird das Wort „Sandig" nicht wiederholt.

L. Feldmäßige Bestimmung einiger im Boden vorkommender chemischer Verbindungen

Bei den feldmäßigen Bodenuntersuchungen werden neben den morphologischen Erscheinungen auch chemische Verbindungen ermittelt: Calciumkarbonate, Sulfate, Chloride, Soda sowie Eisendioxydverbindungen. Die Bestimmung der Calciumkarbonate geschieht durch Behandlung des Bodens mit 10%iger Salzsäure. Hierbei ist je nach dem Kalkgehalt des Bodens ein verschieden starkes Aufbrausen zu bemerken. Die Kalkbestimmung ist einfach. An die Wand eines Grabloches wird Salzsäure getropft und die Stelle des Aufschäumens vermerkt. Eine solche Untersuchung ist an mehreren Stellen des Profils vorzunehmen. An den humusreichen Stellen ist das Aufschäumen geringer als an den helleren Flächen.

Oben beobachtet man das Aufschäumen nur vereinzelt, während man in tieferen Lagen mitunter auf einen kalkreichen Horizont stößt. In anderen Böden wiederum tritt die Salzsäure-Reaktion nur in einer bestimmten Tiefe auf. Man darf sich daher nicht mit der Feststellung der oberen Grenze des Aufschäumens begnügen, sondern muß die ganze Wand des Grabloches untersuchen. Danach ist die Wand des Grabloches mit einem Spaten sorgfältig abzustechen, damit die von der Salzsäure erfaßten Bodenteilchen nicht mit der Bodenprobe aus dem Grabloch vermischt werden, die für die Analyse bestimmt ist.

Die Salzsäure-Reaktion kann auch an dem mit dem Spaten aus den einzelnen Horizonten abgestochenen Boden vorgenommen werden. Im Feldtagebuch sind die Feststellungen zu vermerken.

Werden in einem Boden wasserlösliche Salze vermutet, ist durch eine qualitative Analyse der Gehalt des Bodens an Chloriden, Sulfaten und Soda wie folgt zu bestimmen:

In ein Reagenzglas werden 2 bis 3 g Boden, dazu destilliertes Wasser in einem Verhältnis von 1:5 gebracht. Das Reagenzglas wird verschlossen und 1 bis 2 Minuten geschüttelt. Zu dem wäßrigen Auszug werden etwa 0,5 cm³ KNO_3 (10 bis 15%) gegeben. Das Reagenzglas bleibt bis zur Koagulation der Suspension stehen. Der jetzt hellere Wasserauszug wird zur qualitativen Analyse in andere Reagenzgläser umgefüllt. Zur Bestimmung von Chloriden verwendet man mit Salpetersäure angesäuertes Silbernitrat ($AgNO_3$). Bei Vorhandensein von Chloriden schlägt sich Chlorsilber ($AgCl$) flockenartig nieder. Wasserlösliche Sulfate werden mit Bariumchlorid ($BaCl_2$) nachgewiesen und ergeben einen feinen kristallinischen Niederschlag von Bariumsulfat ($BaSO_4$).

Natriumkarbonat ($NaCO_3$) wird mit in Alkohol gelöstem Phenolphthalein nachgewiesen (kirschrote Reaktion). Bei Böden mit überschüssiger Feuchtigkeit sind die Eisendioxydverbindungen zu bestimmen. Man stellt einen mit Salzsäure schwach angesäuerten Auszug her und setzt rotes Blutlaugensalz zu. Beim Vorhandensein von Eisendioxyden zeigt sich eine grünlich-bläuliche Reaktion.

Bei der qualitativen Bestimmung kann man auf die relative Menge von Chloriden und Sulfaten aus dem Ausmaß ihrer Ausflockung schließen. Wird durch $BaCl_2$ oder $AgNO_3$ nur ein schwacher Niederschlag bemerkt, sind die Mengen an Chloriden und Sulfaten gering; wird die Reaktion deutlicher, sind sie größer, geht aber die Reaktion sehr schnell vor sich und zeigt sich dabei ein starker Niederschlag, zeugt dies von einem hohen Chlorid- und Sulfatgehalt.

Das gleiche Verfahren wird auch zur Bestimmung von Soda und Eisendioxyd nach der Farbintensität des restlichen oder sauren Auszugs angewandt. Die qualitative Bestimmung der Chloride, Sulfate und von Soda kann teilweise bereits neben den feldmäßigen Arbeiten der nächstgelegenen Versuchsstation überlassen werden. Steht dem Bodenkundler zur Bestimmung der Proben ein Laboratorium zur Verfügung, wird die Arbeit wesentlich beschleunigt. Besonders die Eisendioxydbestimmungen sind gleichzeitig mit den feldmäßigen Untersuchungen vorzunehmen, da die Eisendioxyde in den Bodenproben sehr schnell in Eisenoxyde übergehen.

Sollen Bodenproben auf Eisendioxyd im Laboratorium untersucht werden, sind diese in Gläsern mit dichtem Verschluß zu bewahren, damit möglichst das Eindringen von Sauerstoff verhindert wird.

A.W. PETERBUSKAJA empfiehlt zur Bestimmung der Bodenreaktion bei den feldmäßigen Untersuchungen die kolorimetrische Methode. Hierbei hat sich der „Universalindikator“ gut bewährt.

Mit einer Skala versehene Reagenzgläser werden bis zum unteren Strich mit ungetrocknetem Boden gefüllt, auf den bis zum oberen Strich eine Chlorkaliumlösung geschüttet wird. Der Inhalt des Glases wird gut durchgeschüttelt und bleibt stehen bis sich die Flüssigkeit aufgehellt hat. Hat sich der Boden gesetzt, werden mit einer Pipette 3 ml (0,003 l) entnommen, in eine Porzellanschale gebracht und nach Zugabe von drei Tropfen Universalindikator mit einem Glasstäbchen durchgemischt. Die Farbe wird mit der Farbtafel verglichen, und von dieser der p_H-Wert abgelesen.

Bei einer sauren Reaktion erhält man durch Zusatz des Universalindikators eine rosa Färbung, bei schwach-saurer Reaktion eine orange-gelbliche, bei neutraler einen grünlichen und bei alkalischer Reaktion einen blauen Farbton. Mit dem Universalindikator können p_H-Werte von 4 bis 8 bestimmt werden, wobei die Genauigkeit zwischen 0,25 und 0,50 p_H liegt. Von dem p_H-Wert kann auf den annähernden Kalkbedarf eines Bodens geschlossen werden. Böden mit einem p_H-Wert unter 5 müssen gekalkt werden; bei einem p_H-Wert zwischen 5 und 6 bringt eine Kalkung nicht immer den gewünschten Erfolg; bei einem p_H-Wert von 6 und darüber kann von einer Bodenkalkung abgesehen werden.

VII. Bodenbesichtigung durch Feldbegehung

Vor der feldmäßigen Bodenaufnahme zur Ausarbeitung einer Bodenkarte sind die Böden durch eine Feldbegehung zu besichtigen. Hieraus wird ein allgemeiner Überblick über die Böden, über Geomorphologie, Geologie, Vegetation sowie über die landwirtschaftliche Nutzung gewonnen.

Sollen mit den bodenkundlichen auch geologische und geobotanische Untersuchungen durchgeführt werden, sind zweckmäßig ein Geologe und ein Botaniker hinzuzuziehen. Auch die Mitarbeit eines mit den landwirtschaftlichen Verhältnissen vertrauten Agronomen einer Kollektivwirtschaft oder Sowchose ist wünschenswert. Bei der Feldbegehung sind die geomorphologischen Gebiete, Bezirke und Abschnitte hinsichtlich ihrer Bodenbildung zu beachten. Charakteristische Merkmale, die den Zusammenhang der örtlichen Bodenverteilung mit den geomorphologischen Verhältnissen, der Reliefbildung, dem geologischen Aufbau und die Wirkung der bodenbildenden Faktoren zeigen, sind zu untersuchen. Die auf den Bodentypen und -arten festgestellte landwirtschaftliche Nutzung in den Kollektivwirtschaften und Sowchosen ist unter Berücksichtigung des gegenwärtigen Bestellungsplans zu vermerken.

Vor der Feldbegehung ist das vorhandene Kartenmaterial nach topographischen, geologischen und geomorphologischen Gesichtspunkten zu prüfen. Der Weg der

Feldbegehung soll die Terrassen der Flußtäler, die großen und kleinen Wasserscheiden mit ihren Hängen, die zwischen den Gräben liegenden Erhebungen und Senken kreuzen.

In jedem geomorphologischen Bezirk und Abschnitt sind volle Grablöcher auszuheben. Bei der Beschreibung ist nicht nur auf die bodenkundlichen Erscheinungen, sondern auch auf die landwirtschaftliche Nutzung einzugehen. Die Ergebnisse sind mit denen früherer Untersuchungen zu vergleichen und gegebenenfalls zu berichtigen. In der geomorphologischen Karte ist die Charakteristik der Böden jedem geomorphologischen Bezirk und Abschnitt entsprechend darzustellen.

Zur Erläuterung des geologischen Aufbaus als bodenbildenden Faktors werden möglichst viele Profile aufgegraben, an denen das Relief, die Höhenunterschiede, das bodenbildende Gestein und der auf dem Relief entstandene Bodentyp ersichtlich sind.

Die Bodenproben sind nicht erst nach Abschluß der feldmäßigen Arbeiten, sondern sofort einem Laboratorium zu weiteren Feststellungen zu übergeben. Auf diese Weise werden bereits während der feldmäßigen Tätigkeit Unterlagen zur Überprüfung und Ergänzung gewonnen.

VIII. Entnahme der Bodenproben

Vor der Entnahme der Bodenproben ist die Verbreitung der einzelnen Bodenarten genau festzulegen. Diese Abgrenzungen sind bereits während der feldmäßigen Arbeiten in die topographische Karte zu übernehmen, weil nachträgliche Eintragungen zu Irrtümern führen können. Die während der feldmäßigen Tätigkeit ausgearbeitete Bodenkarte wird bei der späteren Bearbeitung der Unterlagen, der Auswertung der Proben und der morphologischen sowie analytischen Feststellungen nochmals geprüft und dann abgeschlossen. Änderungen und Berichtigungen sind auf der Feldkarte zu vermerken.

Nach der analytischen Auswertung werden mitunter Korrekturen in der Bodenansprache erforderlich sein, die den Bodentyp, nicht aber die räumliche Verbreitung des Bodens betreffen. Die Abgrenzung der Böden bei Auswertung der Unterlagen zu ändern, ist sehr schwierig und, falls die Bodenkarte auf der Grundlage einer horizontalen Aufnahme erarbeitet wurde, unmöglich. Wurde z.B. bei der feldmäßigen Aufnahme ein lehmiger Sand bestimmt, der nach der analytischen Feststellung als stark lehmiger Sand ausgewiesen wird, so ist die Eintragung auf der Feldkarte entsprechend zu ändern. Die feldmäßige Bodenkartierung muß also genau und umfassend sein, weil sie die Grundlage jeder bodenkundlichen Tätigkeit bildet. Eine ungenaue Bodenkarte kann zu falschen organisatorischen und technischen Schlüssen führen (z.B. unrichtiger Einteilung der landwirtschaftlichen Nutzflächen sowie deren Stellung in der Fruchtfolge, unsachgemäßer Düngeranwendung usw.).

Nachdem an den Grablöchern, die bei einer Bodenbildung durch bestimmte Faktoren ausgehoben wurden, die Morphologie untersucht wurde, wird der Bodentyp sowie dessen räumliche Verbreitung bestimmt. Sobald sich nur einer der bodenbildenden Faktoren ändert, ändert sich auch der Bodentyp. Man sollte daher nicht an möglichst vielen Stellen Grablöcher anlegen, sondern auf Grund der sich in der Natur bietenden Erscheinungen die Stellen auswählen, an denen sich mindestens ein bodenbildender Faktor ändert. Dort ist zur Untersuchung der Grenze zwischen zwei Bodentypen ein Grabloch anzulegen. Die günstigsten Hinweise bieten Relief und Vegetation und Veränderungen am Bodenprofil (Bodenfärbung, Reliefbildung, Ablagerungen von Schotter, Anzeichen von Wind- und Wassererosionen usw.). Die in der Natur festgestellten Bodengrenzen und die Grenzen der geomorphologischen Bezirke und Abschnitte sind auf der topographischen Karte auch innerhalb der einzelnen Höhenlinien bzw. parallel damit oder mit Angabe der Hangneigung einzuzeichnen. Zur besseren Unterscheidung grenzt man die geomorphologischen Bezirke und Abschnitte mit roten Linien, die Bodentypen mit schwarzen ab.

Bei einem gegliederten Relief läßt sich nach der topographischen Karte die für eine Aufgrabung richtige Stelle verhältnismäßig leicht finden. Es ist nicht schwer, bei einer Änderung des Bodens und des Reliefs nach dem Verlauf der Horizontalen die Bodenabgrenzungen ziemlich genau in die Karte einzuzeichnen.

Für den Bodenkundler bietet die topographische Karte mehr Vorzüge als ein Lageplan mit horizontaler Aufnahme, weil auf der ersteren das Relief von den Horizontalen herausgehoben wird. Die Horizontalen stellen eine Verbindung aller Punkte dar, die in gleicher Höhe über dem Meeresspiegel liegen.

Aus ungleichem Abstand der Horizontalen ist auf die Neigungsunterschiede des Geländes zu schließen. An den Steilhängen stehen die Horizontalen enger als an flachen Neigungen des Geländes. Erstreckt sich eine gleichartige Hangneigung über ein größeres Gebiet, verlaufen die Horizontalen fast parallel. Wird ein Hang von Senken durchzogen, steigen an diesen Stellen die Höhenlinien stark an. Außer der örtlichen Höhenlage vermittelt die topographische Karte auch ein Bild von der Überhöhung eines Abschnitts durch den anderen. Das ist für bodenkundliche Untersuchungen wichtig, weil auch die absolute Höhe die Bodenbildung beeinflussen kann.

Aus der topographischen Karte mit den Höhenlinien gewinnt der Bodenkundler eine genaue Vorstellung von allen Reliefveränderungen im Untersuchungsgelände und Anhaltspunkte für die Anlegung von Grablöchern an den Stellen, wo mit einer Änderung der Bodenbildung zu rechnen ist.

Die Abgrenzung der Bodentypen und ihre Einzeichnung in die topographische Karte in Anlehnung an die Höhenlinien ist nur in einem Gelände mit gegliedertem Relief möglich. Hier paßt sich der Wechsel der Bodentypen den Erscheinungen des Makro- und Mesoreliefs an. Bei der Untersuchung umfangreicher Niederungen mit Mikrorelief dienen die Horizontalen auf der topographischen Karte bestenfalls zur Orientierung für die mit bloßem Auge nicht wahrnehmbaren Höhenunterschiede und zur Bestimmung der geomorphologischen Gebiete oder Bezirke.

Die Bodenkartierung stößt hier auf Schwierigkeiten, weil die Vielgestaltigkeit der Böden nur von dem Mikrorelief, d. h. von kleineren Erhebungen und Senken bestimmt wird, deren Eigenart auf der topographischen Karte nicht zum Ausdruck kommt.

Nur bei einem sehr engen Netz von 20 bis 30 cm können die Bildungen des Mikroreliefs auf der Karte wiedergegeben werden. Für die topographische Aufnahme aber ist der Abstand der Höhenlinien in der Instruktion der Hauptverwaltung für Geodäsie und Kartographie beim Volkskommissariat der UdSSR für den Kartenmaßstab 1:25000 mit 5 m und beim Maßstab von 1:50000 über 10 m festgelegt. Bei einem solchen Netz kommt das Mikrorelief auf einer topographischen Karte nicht zum Ausdruck. In ebenen Lagen mit Mikrorelief erscheinen die verschiedenen Böden stets als buntgewürfelter Bodenkomplex. Er setzt sich aus Böden zusammen, die als kleine Flecke auftreten und sich sowohl nach Entstehung als auch nach Ertragsfähigkeit voneinander unterschieden. Durch die natürliche Vegetation sind die Grenzen der Bodentypen im Gelände leicht festzustellen. Da aber auf einer topographischen Karte die Vegetation nicht dargestellt wird, ist es schwierig, mitunter sogar unmöglich, die Bodengrenzen festzulegen. Bei der Aufnahme solcher Bodenkomplexe ist von einer genauen Einzeichnung aller in der Natur vorkommenden Bodentypen abzusehen. Es sind auf der Bodenkarte nur die Konturen der Bodenkomplexe einzuzeichnen. Als Anhaltspunkte hierfür dienen Orte, Wege, Wegkreuzungen, Brunnen, geodätische Zeichen usw. Bezeichnend für jede bodenkundliche Abart eines Komplexes und der von ihr eingenommenen Fläche ist in Gebieten mit jungfräulichen Böden die natürliche Vegetation. Nach Möglichkeit sollte man versuchen, den prozentualen Anteil der Bodenkomplexe auf kleinen Untersuchungsflächen, die 200 bis 600 qm, bisweilen auch mehr umfassen, zu bestimmen. Hierbei ist die Zusammensetzung eines jeden Bodenkomplexes zu berücksichtigen.

Zur Bestimmung des prozentualen Anteils der Böden eines Komplexes auf einer Untersuchungsfläche ist folgendermaßen zu verfahren:

1. Die Grenzen aller Böden werden genau festgelegt, wobei die Gesamtfläche eines jeden Bodens auszumessen ist. Hierauf wird der prozentuale Anteil der einzelnen bodenbildenden Faktoren bestimmt.

2. Auf der Fläche werden parallel verlaufende Wege durch numerierte Pflöcke in gleichem Abstand abgesteckt. Die Entfernung richtet sich nach dem jeweiligen Bodenkomplex. Mitunter genügt es, als Entfernung der Wege und Pflöcke 4, 5 oder 6 m zu wählen, in anderen Fällen sind Abstände von 1 oder 2 m erforderlich. Auf Millimeterpapier sind Wege und Pflöcke in einem solchen Maßstab einzutragen, daß die Begrenzungen eines Bodenkomplexes leicht eingezeichnet werden können. (1:100 bis 1:500). In einem solchen Lageplan können ohne Schwierigkeit die zum Untersuchungskomplex gehörenden Böden wiedergegeben werden. Zum Schluß werden ihre Flächen und ihre prozentualen Anteile berechnet.

Die erwähnten Verfahren der Bodenaufnahme haben sich besonders bei der Ausarbeitung einer detaillierten Bodenkarte großen Maßstabs für ein Gelände mit Bodenkomplexen bewährt; ferner dann, wenn auf den Planunterlagen die Höhenlinien, andere Anhaltspunkte und Geländebildungen fehlen (Senken, kleine Erhebungen u. a.) und darum die Grenzen aller zum Komplex gehörenden Böden nicht eingetragen werden können. In diesem Falle sind Wege und Pflöcke nicht auf Millimeterpapier, sondern auf einem Planblatt mit bestimmten Maßstab, das als Grundlage für die feldmäßigen Untersuchungen dient, einzuzeichnen.

3. Auf der Untersuchungsfläche werden mit einer Schnur zwei oder mehrere parallel verlaufende Linien markiert und die Breite aller durch sie geschnittenen Bodenflächen gemessen. Danach wird die Länge der Bodenfläche auf den Linien festgestellt und das Verhältnis der Böden innerhalb der Versuchsfläche errechnet.

4. Eine einfache, aber etwas ungenaue Methode besteht darin, für die Untersuchungen nicht eine Fläche, sondern einen langen schmalen Streifen mit einem typischen Verhältnis der einzelnen bodenbildenden Faktoren auszuwählen. Auf diesem Streifen wird eine Linie abgesteckt. Längs dieser Linie ist die Breite aller Bodentypen zu messen und dann so zu verfahren, wie oben unter 3 angegeben.

Die unter 1 und 2 beschriebenen Verfahren sind am genauesten, nehmen aber viel Zeit in Anspruch, weil zu ihrer Durchführung ein Landmesser zugezogen werden muß. Vor der Festlegung der Grenzen eines Bodenkomplexes ist die Verbreitung jener Böden in der Natur festzustellen, die als mehr oder weniger große Flächen erscheinen. Sie sind auf den topographischen Karten entsprechend abzugrenzen. Bisweilen werden umgebrochene Senken von dunkelfarbigen Böden und die Wiesenflächen an den Buchten von degradierten Solonez- oder Solotböden umgeben; diese Flächen werden als Weide genutzt. Auf topographischem Kartenmaterial ist die Abgrenzung der dunkelfarbigen Böden der Senken und der degradierten Solonez- sowie Solotböden an den Buchten deutlich hervorgehoben. Auf den Planblättern sind nur die umgebrochenen Flächen der Böden in den Senken zu umranden. Für eine ackerbauliche Nutzung kommen nicht nur die dunkelfarbigen, sondern auch die angrenzenden solonezhaltigen, bisweilen auch die Solonezböden in Betracht. Die auf dem Planblatt als umgebrochen bezeichnete Fläche ist nicht ausschließlich dunkelfarbiger Boden. Die Abgrenzung bringt vielmehr die Verbreitung der Böden in der Senke und der sie umgebenden Solonez- oder solonezhaltigen Böden zum Ausdruck. Bei diesen Untersuchungen sind Grablöcher in der Mitte der Senke, am Hang und am äußeren Rand des Hanges anzulegen. Schließlich sind die Grenzen des Ackerlandes zu ermitteln und auf der Karte die Verbreitung der dunkelfarbigen Böden einzuzeichnen. Sind die Bodenarten innerhalb dieser Grenzen in die Karte übernommen, lassen sie sich leicht zu dem jeweiligen Bodenkomplex vereinigen, dessen Verbreitung der aus dem Planblatt ersichtlichen Böden der Senken und Buchten entspricht.

Sollen auf einer Bodenkarte nicht die Bodenkomplexe, sondern jeder zu einem Komplex gehörende Boden hervorgehoben werden, so hat ein Landmesser unter Anleitung eines Bodenkundlers die Einzeichnung der Abgrenzungen vorzunehmen, oder es wird nach den unter 3 gegebenen Erläuterungen verfahren.

Als Grundlage für bodenkundliche Untersuchungen dienen gewöhnlich eine topographische Karte mit Gitternetz oder ein Photoplan. Für die feldmäßigen Arbeiten ist eine kartographische Unterlage mit möglich großem Maßstab erwünscht. Der Maßstab soll größer als der der Bodenkarte sein. Nicht für alle

Gebiete der Sowjetunion sind die erforderlichen topographischen Karten vorhanden.

In verschiedenen Gebieten werden die bodenkundlichen Untersuchungen unter Zugrundelegung der Horizontalaufnahme vorgenommen werden müssen. Hierbei gestaltet sich die Arbeit des Bodenkundlers schwierig, weil eine genaue Wiedergabe der natürlichen Verhältnisse auf der Bodenkarte die Untersuchung einer größeren Anzahl von Grablöchern erfordert. Auch geben die Planblätter bei Bearbeitung des hydrographischen Netzes keinen erschöpfenden Aufschluß über die Reliefgestaltung. Die verzeichneten Wasserläufe, Erhebungen und Senken deuten die Aufgliederung des zu untersuchenden Geländes nur an. Nach der Richtung der Wasserläufe, Gräben und Senken können die Neigungswinkel einzelner Abschnitte des Untersuchungsgeländes bestimmt werden. Aus der Höhenlage der Gräben und Senken, die in entgegengesetzter Richtung verlaufen, läßt sich annähernd die höchste Stelle der Wasserscheide ermitteln. Auf einem Planblatt kann man auch den Übergang des Plateuas einer Wasserscheide in den Hang oder die Veränderung einer Hangneigung nicht erkennen. Daher lassen sich die Stellen, an denen mit einer Veränderung des Bodentyps zu rechnen ist, schwer herauslesen. Der Bodenkundler hat deshalb in der Natur nur die Reliefbildungen zu beachten, sondern auch einen Teil der Arbeit des Topographen zu übernehmen und die Eigenschaften des Makro- und Mesoreliefs zur richtigen Abgrenzung der Bodentypen festzustellen. Die Planblätter gestatten nicht, wie bei einer topographischen Karte, den Verlauf der Bodengrenzen durch einzelne auf der Karte festliegende Punkte zu führen. Vielmehr wird sich die Übernahme der Bodengrenzen in ein Planblatt nach den wenigen Anhaltspunkten (Wegen, Gräben, Senken) zu richten haben, die in der Natur und teils auf der Karte zu erkennen sind. Die Mitarbeit eines Landmessers ist unerläßlich. Er hat die Wege, die wichtigsten Reliefmerkmale und die Bodenkonturen einzuzeichnen.

Wenn kein Landmesser zugegen ist, muß der Bodenkundler die für die Bodengrenzen notwendigen Vermessungen mit einem Zweimeter-Zirkel oder mit einem Bandmaß selbst ausführen.

Allerdings wird ein Bodenkundler eine mit Spezialgeräten aufgenommene Reliefdarstellung nicht ersetzen können und daher werden die nach horizontalen Unterlagen ausgearbeiteten Bodenkarten nicht so genau sein wie die nach einer topographischen Karte erarbeiteten. Bodenkundliche Untersuchungen sollten nur im Notfall nach horizontalen Unterlagen durchgeführt werden. Aber auch in solchen Fällen muß der Bodenkundler zur allgemeinen Orientierung eine topographische Karte kleinen Maßstabs (1 : 100 000, wenigstens aber 1 : 200 000) mit sich führen, die ihm eine allgemeine Vorstellung vom Relief des Untersuchungsgeländes vermittelt.

Steht eine topographische Karte, deren Maßstab dem Planblatt nahekommt, zur Verfügung, ist es unter Umständen zweckmäßiger, die Arbeiten nach einer topographischen Karte kleineren Maßstabs durchzuführen als nach einem Planblatt mit größeren Maßstab. (Bei gegliedertem Relief sind feldmäßige Untersuchungen nach einer topographischen Karte im Maßstab von 1 : 25 000 vorteilhafter als nach einem Planblatt von 1 : 10 000.) Für die Neugestaltung eines Betriebs empfiehlt es sich, die Bodenkarte im Maßstab eines bereits vorhandenen Betriebsplans auszuführen. In der Überschrift der Bodenkarte ist darauf hinzuweisen.

Bodenkundliche Untersuchungen nach photographischen Unterlagen erfordern einen geringen Zeitaufwand, sie geben die Geländegestaltung deutlich wieder, wodurch die Orientierung erleichtert und die Darstellung genauer wird.

Besonders wertvoll sind photographische Aufnahmen für die Untersuchung eines Geländes mit verschiedenen Bodentypen und natürlicher Vegetation. Auf solchen Photos sind die Abgrenzungen der einzelnen Pflanzengemeinschaften innerhalb der verschiedenen Bodentypen deutlich sichtbar, die auf den topographischen Karten nicht erscheinen. Auf den photographischen Geländeaufnahmen der Kaspischen Niederung zum Beispiel heben sich die dunkelfarbigen Bodensenken der Solonez- und Solotschakböden gut ab, die eine unterschiedliche Pflanzendecke tragen. In solchen Gebieten besteht ein wesentlicher Teil der bodenkundlichen Tätigkeit in der Bestimmung der Böden an Hand von Photographien.

Für bodenkundliche Arbeiten in landwirtschaftlichen Gebieten sind die topographischen Karten den photographischen Darstellungen vorzuziehen. Photographische Aufnahmen mit Gitternetz gewähren eine gute Orientierung. Derartige Karten stehen aber nur selten zur Verfügung. Ähnliche Darstellungen erhält man bei der Betrachtung von Lichtbildaufnahmen des Reliefs durch ein Spezialstereoskop, wobei die Reliefbildungen plastisch hervortreten.

Jede auf der Feldkarte abgegrenzte Fläche ist nach ihren Horizonten genau zu beschreiben, wobei auch die mechanische Zusammensetzung und der Kulturzustand des Bodens zu berücksichtigen sind.

Von jedem Bodenkomplex sind in der Beschreibung alle Bestandteile zu nennen.

Für die Bezeichnung der geomorphologischen Merkmale sind entsprechende Indices auszuarbeiten.

Für die geomorphologischen Begriffe gelten folgende Zeichen:

1. Plateau $= P$;
2. Hang $= S$;
3. zweite über der Aue liegende Terrasse $= T_2$;
4. erste über der Aue liegende Terrasse $= T_1$;
5. Aueterrasse $= Tp$ usw.

Auch sind stets das bodenbildende Gestein, ferner möglichst auch das Grundgestein und der Grundwasserstand anzuführen.

Am Rand der Bodenkarte sind als Legende die Indices mit Erläuterungen zu vermerken.

Die Überschrift einer Feldkarte ist folgendermaßen zu fassen:

„Feldkarte der Kollektivwirtschaft, Sowchose oder MTS . . . . des Kreises . . . . im Bezirk . . . . . , ausgearbeitet auf der Grundlage der topographischen Karte . . . . im Maßstab von . . . . .

Die Durchführung der bodenkundlichen Untersuchungen und die Ausarbeitung der Karte wurden vom Bodenkundler nachgenannter Stelle vom . . . . . bis zum . . . 19 . . . . ausgeführt.

Die rechte untere Ecke der Bodenkarte trägt die Unterschrift des verantwortlichen Bodenkundlers.

Bei den Eintragungen der Bodengrenzen in die topographische Karte gelten folgende Fehlergrenzen als tragbar:

a) 2 mm, soweit in der Natur die Grenzen benachbarter Böden scharf ausgeprägt sind;
b) 4 mm bei deutlich sichtbaren Bodengrenzen;
c) 8 mm, bei allmählichem Übergang eines Bodentyps in einen anderen, wobei die Grenzen der beiden Böden nur schwer in der Natur erkennbar sind.

Die geringste Anzahl von Grablöchern und Bohrungen, die auf der Flächeneinheit anzulegen und im Feldtagebuch zu beschreiben sind, wird durch die Ausbildung der Bodendecke bestimmt und ist aus der Anlage 1 ersichtlich.

IX. Führung des Feldtagebuches

Die Ergebnisse der bodenkundlichen Untersuchungen sind in ein vorgeschriebenes Feldtagebuch einzutragen (Anlage 2).

Bei der Beschreibung eines Grabloches hat der Bodenkundler dessen geographische Lage zu bestimmen, es durch ein bestimmtes Zeichen in das Planblatt einzutragen und mit einer laufenden Nummer zu versehen. Jedes Grabloch ist im Feldtagebuch nach folgenden Punkten zu beschreiben:

1. Nummer, Datum der Aufgrabung, Beschreibung des Befundes.
2. Kollektivwirtschaft, Ort, Kreis und Bezirk.
3. Geographische Lage des Grabloches. Hierbei sind Himmelsrichtung und Entfernung der Aufgrabung von einem in der Natur deutlich sichtbarem Punkt zu vermerken.

   Beispiel: 5 km östlich der Dorfes Alexejewa, 1 km südlich des Teiches Gratschew.

4. Das geomorphologische Gebiet und der Bezirk.

   Beispiel 1: Gebiet Syrt, Wasserscheide zwischen den Flüssen Kleinussen und Jeruslan, mit allmählicher Neigung nach Süden.

   Beispiel 2: Gebiet Syrt, Flußtal Kleinussen.
   Liegt das zu untersuchende Gelände innerhalb eines geomorphologischen Gebietes, genügt diese Eintragung im Feldtagebuch.

5. Makro-, Meso- und Mikrorelief.

   Beispiel 1: Westlicher Hang der Wasserscheide von flachen bewachsenen Gräben durchzogen. Die Oberfläche ist flachwellig. Der obere Teil des Hanges ist flacher als der untere. Die zwischen den Gräben liegenden Erhöhungen haben in der Mitte eine ebene Oberfläche, die allmählich in Gräben übergeht. Am unteren Teil wird die Oberfläche des Hanges hügelig, die Gräben werden tiefer.

Beispiel 2: Die erste über der Aue liegende Terrasse des Flußtales Kleinussen. Die Oberfläche zeigt ein deutlich ausgeprägtes Mikrorelief. Verschiedenförmige geschlossene Senken werden durch flache Erhebungen abgelöst, auf denen sich durch Ziesel aufgeworfene Erdhügel finden. Die Senken und Vertiefungen haben eine längliche bis abgerundete Form von 6 bis 30 cm Durchmesser. Vereinzelt finden sich flache Senken mit Abfluß. Die negatiefen Reliefmerkmale machen etwa 40% der Fläche aus. Die Tiefe der Senken schwankt zwischen 40 und 60 cm.

6. Lage der Aufgrabung bezüglich des Makro-, Meso- und Mikroreliefs sowie deren absolute Höhe.

Beispiel 1: Am unteren Drittel des Hanges. Ebenes Gelände, in der Mitte Erhöhungen zwischen den Gräben. Absolute Höhe 55 m.
Beispiel 2: Mitte der Senke: Länge 20 m, Breite 14 m, Tiefe 50 cm, Absolute Höhe 36 m.

7. Die landwirtschaftlich genutzte Fläche und ihr Zustand.

Beispiel 1: Weizenbau.
Beispiel 2: 5 Jahre Brache, jetzt Grünland.

8. Vegetation (Bestand, Dichte).
Beschreibung der natürlichen Vegetation (Kulturpflanzen, Unkräuter).
9. Erläuterung des Reliefprofils sowie der Lage des Grabloches.

Das Profil wird längs und quer zum Hang oder zur gesamten Wasserscheide aufgenommen, die Stelle des Grabloches wird genau bezeichnet. In einer Ebene mit Mikrorelief sind durch das Profil die Senke oder die Erhöhung zu erfassen, wo die Aufgrabung angelegt wurde, ferner die Merkmale des angrenzenden Mikroreliefs (Erhöhungen und Senken).

10. Feldmäßige Bestimmung der Bodenhorizonte sowie des Grundgesteins. Hierbei ist die genaue Beschreibung eines jeden Horizonts und des Grundgesteins mit Bezeichnung des Bodentyps, des Untertyps, der Varietät und der mechanischen Zusammensetzung erforderlich.
11. Örtliche Bodenbezeichnung.
12. Endgültige Bestimmung des Bodens. Diese Spalte wird erst nach der Auswertung der feldmäßigen Unterlagen durch das Laboratorium ausgefüllt.
13. Tiefe und Art des Aufschäumens.
14. Ausscheidungen.

In der ersten senkrechten Spalte werden die Art der Ausscheidungen (Carbonate, Eisendioxyd usw.), in der zweiten die Tiefe, in der die Ausscheidungen beginnen, in der dritten die Tiefe, in welcher die Ausscheidungen verschwinden, in der vierten die massenweisen Ausscheidungen und in der fünften die unterste Grenze ihres Auftretens eingetragen. In Gebieten mit ewigem Bodenfrost sind die Mächtigkeit der Frostschicht sowie die Temperaturen der Bodenhorizonte zu notieren.

15. Maximale Verdichtung.
16. Grundwasserstand und erste Anzeichen sichtbarer Wassereinflüsse.
17. Aufstellung der Bodenproben.

18. Bodenhorizonte sowie Abbildungen des Bodenprofils.

Bei tiefen Aufgrabungen ist das Bild des Bodenprofils mit Buntstiften in einem Maßstab 1 : 10 bzw. 1 : 20 einzuzeichnen. Links der Zeichnung sind in der Spalte: „Die Bodenhorizonte und ihre Tiefe in cm" die einzelnen Horizonte zu beschreiben, dazu ihre Mächtigkeit in Zentimetern.

Das Bodenprofil wird möglichst mit Buntstiften, sonst mit Bleistift nach seinen charakteristischen morphologischen Besonderheiten eingezeichnet. Hierzu gehören farbliche Veränderungen in den verschiedenen Horizonten, Ausbildung sowie Mächtigkeit der Humusschicht, Gänge von Würmern und Wühlern, Tiefe verschiedener Ausscheidungen usw. Rechts der Zeichnung werden die Analysenergebnisse der qualitativen Bestimmung unlöslicher Salze eingetragen. Zeigt zum Beispiel die qualitative Bestimmung kein Chlor, wird bei der entsprechenden Tiefe ein Minuszeichen (—) eingesetzt, bei wenig Chlor ein Pluszeichen (+), bei starkem Chlorgehalt ein doppeltes Plus (++) und bei sehr starkem Chlorgehalt ein dreifaches Pluszeichen (+++). Hier werden auch die Temperaturen in den verschiedenen Bodentiefen bei Bodenuntersuchungen in Regionen mit ewigem Bodenfrost vermerkt.

19. Beschreibung der Bodenoberfläche und der Bodenhorizonte.

Bei einer Beschreibung der Bodenoberfläche ist stets anzugeben ob Anzeichen von Erosion vorhanden sind (Wasserrinnen, Durchspülungen, Bodenabschwemmungen u. a.). Die Bodenhorizonte sind wie folgt zu beschreiben: Feuchtigkeitsgehalt, Farbe, mechanische Zusammensetzung, Struktur, Dichte, Porosität, Ausscheidungen, Neubildungen, Einschlüsse, Durchwurzelung und andere Besonderheiten.

Am Schluß der Horizontbeschreibung wird der Übergang zum folgenden Horizont dargelegt.

20. Die zwischen den Grablöchern Nr. ... bis Nr. ... liegenden markanten Punkte sind zu bezeichnen.

Hierbei werden die Einheitlichkeit der Bodendecke oder ihre verschiedenartige Gestaltung zwischen zwei Aufgrabungen, Veränderungen des geologischen Aufbaus, des Reliefs, der Vegetation und der Einfluß dieser Erscheinungen auf die Bodenbildung vermerkt. Unter diesem Punkt sind auch Brunnen, Teiche usw., zu beschreiben.

X. Arbeitsablauf und Erläuterungen der Bodenuntersuchungen

Zur Bodenuntersuchung sind Proben aus dem oberen sowie unteren Teil des Grabloches zu entnehmen. Die Wände der Aufgrabung sind mit einem Spaten von anhaftenden Boden- und Untergrundteilchen zu säubern. Hierauf werden die einzelnen Bodenhorizonte auf Kalkgehalt mit Salzsäure untersucht. In Gebieten mit hohem Grundwasserstand werden beim Ausheben des Grabloches Grundwasserspiegel sowie Grundwasserschwankungsbereich festgestellt. Danach wird die Wand der Aufgrabung von oben an mit Meißel, Messer oder Spaten so bearbeitet, daß an den natürlichen Bruchstellen alle strukturellen Einzelheiten sichtbar werden. Nun wird das Bodenprofil untersucht, in Horizonte eingeteilt und beschrieben.

Hierauf werden Bodenproben unter Berücksichtigung der Horizonteigenschaften sowie des gesamten Bodenprofils entnommen. Bei jungfräulichen Böden sind Proben (Stärke 0 bis 5 cm) aus dem mittleren unteren A-Horizont zu entnehmen, bei Ackerböden sowohl aus dem Pflughorizont als auch aus den darunterliegenden Horizonten. In den unteren Horizonten richtet sich die Probenahme nach morphologischen Merkmalen und nach der Verteilung der Pflanzenwurzeln. Bei Bodenverfärbung infolge organischer Einflüsse sind die Bodenproben so zu ziehen, daß durch eine Analyse nachgewiesen werden kann, ob sich der Humusgehalt mit zunehmender Tiefe ändert.

Bei Böden, die durch Behandlung mit HCl aufschäumen, sind Proben bis zur Grenze dieser Erscheinungen zu entnehmen, damit der Gehalt an CO_2 über und unter der Aufschäumungslinie, im Bereich der meisten Carbonatflecke oder da, wo diese sich über größere Flächen verteilen, festgestellt werden kann. Bei der Probenahme auf versalzten Böden ist folgendes zu beachten: einmal die Tiefe, in der die wasserlöslichen Salze in stärkerem Ausmaß auftreten, zum anderen die Stellen, an denen bereits schädliche Wirkungen der Salze bemerkt werden, ferner schließlich ihr Höchstgehalt u. a.

Bei der Probenahme sind die Grenzen der Bodenhorizonte genau zu beachten. Niemals darf sich eine Bodenprobe über zwei Horizonte erstrecken.

B. B. Polyinow weist darauf hin, daß eine chemische Bodenanalyse nicht erst im Laboratorium und nicht mit der hydroskopischen Bestimmung, sondern bereits bei der feldmäßigen Probenahme beginnen soll. Selbst die sorgfältigste Analyse führt zu falschen Ergebnissen, wenn die Proben unüberlegt und unsachgemäß genommen wurden. Der Raum für die Probenahme soll nicht breiter als 5 cm sein und zwischen zwei gedachten Parallelen waagerecht zur Bodenoberfläche liegen. Die Proben sollen Ziegelsteinform haben. Jede Probe ist g.F. zu trocknen, gut zu verpacken und mit folgender Aufschrift zu versehen: Name der Kollektivwirtschaft mit Angabe des Kreises und des Bezirks, Nummer des Grabloches, Bodentyp, Bodenhorizont, Tiefe in cm, aus der die Probe genommen wurde, Datum und Unterschrift des Bodenkundlers. Hierfür sind Vordrucke oder Stempel zweckmäßig.

Diese Angaben machen beim Sortieren das Auspacken entbehrlich. Die täglich durch die feldmäßigen Arbeiten gewonnenen Unterlagen sind sogleich nach ihrem Eingang zu analysieren und mit der örtlichen Verteilung der Bodentypen zu vergleichen. Daher ist auch festzustellen, welche morphologischen Eigenschaften durch die Standortbedingungen verändert wurden. Ferner sind die Wechselbeziehungen zwischen Boden und Vegetation sowie der Einfluß der verschiedenen agrotechnischen und meliorativen Maßnahmen auf die Bodeneigenschaften usw. zu untersuchen. Dabei kann man die eigene Arbeit prüfen und erforderlichenfalls rechtzeitig das Material ergänzen, Fehler beseitigen und bei weiterer Tätigkeit vermeiden.

Als Abschluß der feldmäßigen Bodenuntersuchungen in einer Gemarkung sind die Ergebnisse bereits vor einem Ortswechsel auszuwerten. Dabei werden Bodenproben und Feldtagebücher durchgesehen und die morphologischen Merkmale in einer Tabelle zusammengestellt. An Hand dieser Unterlagen werden die Feldkarte überprüft, eine Bodenkarte entworfen und gleichzeitig das Profil des Reliefs und der typischen Böden aufgenommen.

Ist bei diesen Arbeiten der Leiter der Bodenuntersuchungen anwesend, können die Ergebnisse zu einem wesentlichen Teile bereits an Ort und Stelle ausgewertet werden.

XI. Untersuchung erodierter Böden

Abgetragene Böden sind durch Fehlen (der Boden wird gewissermaßen „geköpft") oder Verminderung der oberen Horizonte gekennzeichnet. Die unteren Horizonte unterscheiden sich kaum oder nur wenig von den gleichen Horizonten der nicht abgetragenen Böden. Dagegen weist der Pflughorizont eines erodierten Bodens im Vergleich zu dem eines nicht abgetragenen Veränderungen auf.

Wird der Boden auf Abtragung und Verringerung der oberen fruchtbaren Bodenhorizonte infolge Erosion untersucht, sind folgende Fragen zu klären: Welche Bodenhorizonte erscheinen bei der Untersuchung durch Erosion abgetragen, welcher der darunter liegenden Horizonte bildet die Ackerkrume und welche Ertragsfähigkeit wurde im neuen Pflughorizont ermittelt? Die erodierten Böden werden nach dem Ausmaß des Bodenabtrags und nach der Beackerungsmöglichkeit der darunterliegenden Horizonte in drei Stufen eingeteilt: schwach, mittel und stark erodierte. Um die Ertragsfähigkeit der erodierten Böden bei der Feldbegehung beurteilen zu können, muß man den Grad der Erosion im Vergleich mit nicht betroffenen Bodenhorizonten bestimmen.

Nomenklatur der erodierten Böden.

1. Grasnarbe-Podsol und hellgraue Waldböden.
   a) Schwach erodierte Böden (erste Stufe der Abtragung). Die Grasnarbe ist teilweise (bis zur Hälfte) abgetragen; der Podsolhorizont wird beim Pflügen erfaßt.
   b) Mittelerodierte Böden (zweite Stufe der Abtragung). Der Podsolhorizont ist teilweise oder vollständig entfernt. Der obere Teil des Illuvialhorizontes wird durch den Pflug erfaßt. Der Ackerboden hat eine bräunliche Farbe.
   c) Stark erodierte Böden (dritte Stufe der Abtragung). Der Illuvialhorizont ist teilweise abgetragen, sein mittlerer und unterer Teil werden gepfügt. Der Ackerboden ist braun und von stark klumpiger Struktur.

2. Graue und dunkelgraue Waldböden.
   a) Schwach erodierte Böden. Die Oberfläche des Bodens ist von kleinen Rinnen durchzogen. Der A_1-Horizont ist bis zur Hälfte erodiert, er wird bearbeitet. Bei Spezialkartierungen großen Maßstabs wird ein mächtiger A_1-Horizont in zwei Untergruppen eingeteilt: bis zu 25% erodiert und über 25% (bis zu 50%). Als A_1-Horizont (Grasnarbe-Humus- oder humushaltiger Horizont)

wird der einheitlich dunkel gefärbte Horizont bezeichnet, der nicht den braunen Farbton des B-Horizontes hat.

b) Mittel erodierte Böden. Der Grasnarbe-Humushorizont ist über die Hälfte oder ganz abgetragen.
Der obere Teil des verdichteten Illuvialhorizontes wird gepflügt. Der Ackerboden hat eine braune Farbe.

c) Stark erodierte Böden. Der verdichtete Illuvialhorizont ist teilweise abgetragen. Sein mittlerer oder unterer Teil wird beackert, die Farbe des Ackerbodens ist braun, seine Struktur ausgeprägt klumpig.

3. Tschernosjom und kastanienfarbige Böden.

a) Schwach erodierte Böden. An der Bodenoberfläche sind kleine Rinnen sichtbar. Der A-Horizont ist bis zur Hälfte abgetragen. Der verbliebene Rest des A-Horizontes wird gepflügt. Schwach erodierte Böden ausreichender Mächtigkeit werden bei Spezialuntersuchungen großen Maßstabs unterteilt in: bis zu 25% und über 25% (bis zu 50%) erodiert. Als A-Horizont (Grasnarbe-Humus- oder humushaltiger Horizont) wird der einheitlich dunkel gefärbte Horizont bezeichnet, in welchem der im B-Horizont vorherrschende braune Farbton noch nicht erkennbar ist.

b) Mittel erodierte Böden. Der Grasnarbe-Humushorizont ist über die Hälfte abgetragen. Der Übergangshorizont wird gepflügt ober beim Pflügen teilweise erfaßt. Die Farbe des Ackerbodens ist braun.

c) Stark erodierte Böden. Der Übergangshorizont ist teilweise abgetragen, er wird im unteren Teil beackert. Er hat eine braune Farbe, eine stark klumpige Struktur und neigt zur Krustenbildung.

4. Südlicher solonezartiger Tschernosjom, solonezartige kastanienfarbige und braune Böden.

a) Schwach erodierte Böden. An der Oberfläche des Ackerbodens bilden sich kleine Rinnen. Der A-Horizont ist bis zur Hälfte abgetragen.

b) Mittel erodierte Böden. Der Grasnarben-Humushorizont ist über die Hälfte oder vollkommen erodiert. Der obere Teil des verdichteten solonezartigen Horizontes wird beackert, der Boden hat eine braune Schattierung.

c) Stark erodierte Böden. Der verdichtete solonezartige Horizont ist teilweise abgetragen, sein mittlerer und unterer Teil werden gepflügt. Der Ackerboden hat eine braune Farbe, die Struktur ist stark klumpig.

5. Grauerden.

a) Schwach erodierte Böden. Kleine Wasserrinnen durchziehen die Bodenoberfläche. Der A-Horizont ist zur Hälfte erodiert.

b) Mittel erodierte Böden. Der A-Horizont ist teilweise oder über die Hälfte abgetragen. Der Übergangshorizont wird gepflügt.

c) Stark erodierte Böden. Der Übergangshorizont ist teilweise abgetragen, sein mittlerer und unterer Teil werden beackert. Beim weiteren Fortschreiten der Bodenerosion sind auf den Bodenkarten die Stellen einzuzeichnen, an denen das bodenbildende Gestein an die Oberfläche tritt. Es wird in zwei Gruppen eingeteilt: Lockergestein, das sich für die Bewirtschaftung eignet und auf dem sich auch Wälder und Sümpfe entwickeln, und bankiges dichtes Gestein (Kreide, Kalkstein, Sandstein, Schiefer u. a.), auf dem keine Kultur betrieben wird.

Von den abgetragenen sind die in Kultur befindlichen erodierten Böden zu trennen, die sich durch einen dunklen Pflughorizont und eine kleinkrümelige Struktur auszeichnen.

Weiterhin sind Auftragsböden zu nennen. Sie sind nach der Mächtigkeit und der Zusammensetzung des abgesetzten Materials zu gliedern. Für die Auftragsböden ist eine hohe Ertragsfähigkeit charakteristisch, sofern feinerdige Verwitterungsprodukte der oberen Horizonte abgelagert wurden. Werden als Bodenauftrag aber verwitterte Teile des Untergrunds (Ton, Sand, Schotter) oder solche aus weniger fruchtbaren Horizonten abgesetzt, so vermindert sich die Ertragsfähigkeit. Bei Spezialuntersuchungen läßt sich das Ausmaß der Erosion noch unterteilen. So kann der schwach erodierte Tschernosjom bei einem tiefreichenden Humushorizont in zwei oder drei Stufen untergliedert werden, soweit Vergleichsmöglichkeiten mit nicht erodierten Böden des entsprechenden Typs vorhanden sind. Diese Einteilung der erodierten Böden ist erforderlichenfalls bei den feldmäßigen Untersuchungen entsprechend den gewonnenen Erkenntnissen zu erweitern und nach landwirtschaftlichen Gesichtspunkten zu vervollkommnen.

Es sei nochmals betont, daß bei der Bestimmung des Ausmaßes der Erosion das Profil eines betroffenen Bodens mit dem unbeeinflußten des gleichen Bodentyps zu vergleichen ist. Gewöhnlich findet man bei feldmäßigen Untersuchungen in der Nähe einen Boden mit noch erhaltener Wald- oder Steppenvegetation, kann dort den Aufbau des jungfräulichen Bodens feststellen und so durch Vergleich mit dem Profil eines von menschlicher Tätigkeit unberührten Bodens das Ausmaß der Wind- oder Wassererosion bestimmen. Das ist besonders leicht im Norden der UdSSR, wo sich noch Urwälder befinden, und im Südosten, wo ein umfangreiches Gebiet jungfräulicher Böden von der Steppe bedeckt wird. In Gegenden mit altem Kulturland aber gibt es jungfräuliche Böden nur an Steilhängen und an felsigen Stellen, die nicht beackerungsfähig sind. Man wird also nicht immer Vergleichsstücke finden, die von der Erosion nicht erfaßt wurden. In solchen Fällen soll man das ursprüngliche Profil nach den in den unteren Horizonten noch vorhandenen Resten rekonstruieren oder Vergleichsstücke an Hängen suchen, wo sich zwischen abgetragenen Böden auch Stellen ohne Erosion befinden.

Auch ein Vergleich von geomorphologischen Profilen einer Wasserscheide bis zum Boden einer Senke mit Bodenprofilen unter verschiedenen Reliefverhältnissen kann zu einer richtigen Einstufung erodierter Böden beitragen. Dabei zeigt sich meistens, daß die Podsolierung in der Grasnarbe-Bleichzone bei den nicht erodierten Böden mit der Annäherung an eine Senke abnimmt. Hat dagegen eine Erosion stattgefunden, wird diese Erscheinung nicht beobachtet. Mittel bis stark podsolierte Grünlandböden treten in der Nähe einer Senke nicht auf.

An den gewölbten Hängen des mittelrussischen Höhenzugs im Moskauer Gebiet liegen die erodierten Böden als Saum längs der Grabenränder. Die Erosion zerstörte hier nicht nur die Grasnarbe, sondern auch deren Podsolhorizonte.

Daher haben die Ackerkrume und die brachliegenden erodierten Böden an den Grabenrändern eine grau-braune Farbe (der braune Illuvialhorizont wird beackert). Darunter befinden sich Reste des mineralischen Illuvialhorizontes. Am unteren Teil einer Senke, die infolge der Hangneigung nicht bewirtschaftet werden kann, stößt man auf Grasnarbe-Podsolböden mit unzerstörtem Profil, bei denen sowohl der Grasnarbe- als auch der Podsol-Horizont erhaltengeblieben sind. Finden sich unter ähnlichen Verhältnissen in der Nähe erodierte Böden, so kann man das Ausmaß der Abtragung durch Vergleich unmittelbar bestimmen (siehe Nomenklatur der erodierten Böden). Die Einstufung ist an Hand der entsprechenden analytischen Unterlagen zu prüfen. Durch graphische Darstellungen (Kurven) der charakteristischen Eigenschaften eines erodierten Bodens (Humus, mechanische Zusammensetzung, sorbierte Basen) und eines Bodens ohne Abtragung sind die Unterschiede zu verdeutlichen. Erodierte Böden dürfen nicht mit unentwickelten Hartskeletten verwechselt werden.

Bei nicht abgetragenen Böden mit einem mächtigen Humushorizont (z. B. Tschernosjom, dunkelgrauer Waldboden) werden bei einer Pflugtiefe von 18 bis 27 cm nur die oberen Schichten des Humushorizontes erfaßt. Bekanntlich wirkt die allmähliche Abtragung nicht gleichmäßig auf die Bodenschichten, sondern bildet Senken und Rinnen. Bei der Bodenbearbeitung werden diese Senken ausgeglichen und die dabei bloßgelegten tieferen Schichten mit dem Pflughorizont durchmischt, wodurch eine Ackerkrume aus verschiedenen Horizonten entsteht. Sogar bei starker Abtragung durch Wasser, zum Beispiel der dritten Stufe (bei Beackerung des bodenbildenden Gesteins), bleiben in der Ackerkrume immer noch einige — allerdings sehr schwache — Reste des ehemaligen Humushorizontes zurück, die an ihrer dunklen Farbe zu erkennen sind. Bei dieser Stufe der Erosion hebt sich die Ackerkrume stark von den unteren Horizonten durch ihre Farbe ab.

Der Unterschied zwischen flachen und abgetragenen Böden zeigt sich folgendermaßen: Die flachen Böden haben alle genetischen Horizonte und ein normal entwickeltes Profil; dagegen ist bei den abgetragenen das Profil verkürzt, und die Horizonte haben eine geringere Mächtigkeit.

Die unentwickelten Böden (z. B. unentwickelter Tschernosjom auf bewachsenem Sand in welligem Gelände, mäßig entwickelte Wiesenböden auf geschichteten alluvialen Ablagerungen usw.) heben sich in der ersten Stufe durch die Bildung der oberen Horizonte und durch fehlende oder unentwickelte untere Horizonte ab. Die Intensität der Bodenbildung nimmt von oben nach unten ab. Die oberen Horizonte entstehen vor den unteren. Hierin ist der Unterschied zwischen den in der Entwicklung befindlichen Böden und den abgetragenen zu sehen, die gut ausgeprägte Unterhorizonte aufweisen.

Skelettböden ohne beschleunigte Erosion lassen entsprechend der Verwitterung eine bestimmte Verteilung der Gesteinstrümmer (Schotter, Geröll) erkennen. Die Verwitterung zeigt sich am stärksten an der Oberfläche und klingt nach unten ab.

Daher wird das Gebirgsgestein an der Bodenoberfläche mehr zerkleinert als in der Tiefe. Eine gewisse Bedeutung für die Wanderung der Gesteinstrümmer (Schotter und Geröll) kommt den Würmern, Ameisen und Insektenlarven zu. Diese umgehen die größeren Gesteinstrümmer, bringen Klümpchen von Feinerde an die Bodenoberfläche, so daß Steine, die an der Oberfläche liegen, allmählich absinken.

Sind Skelettböden einer verstärkten Abtragung durch Wasser oder Wind ausgesetzt, wird der Aufbau des Bodenskeletts gestört. Schmelzwasser, Regen und Wind tragen die Feinerde von der Bodenoberfläche ab, während gröbere Bestandteile zurückbleiben. So wird im Laufe der Zeit die Bodenoberfläche mit einer Steinschicht bedeckt, wodurch der abgetragene Skelettboden sich scharf von einem nicht erodierten Boden unterscheidet. Im Norden und im Südosten der UdSSR, wo die Böden auf Kalk- und Dolomitgestein entstanden sind, werden die Steine auf den Feldern und Plantagen periodisch abgelesen. Die Erosion trägt aber ständig Feinerde ab und deckt immer wieder neue Steine auf.

Die feldmäßigen Untersuchungen des Bodenauftrags mit nachfolgender analytischer Auswertung ergeben zuverlässige Unterlagen über das Ausmaß der Erosion auf den abgetragenen Böden; ferner sind Bodenbildung, Reliefmerkmale, Muttergestein und Bodenbearbeitung zu beachten.

Ein Mangel der beschriebenen Untersuchungsmethoden ist, daß sie genaue Angaben über die qualitative Wirkung der Erosion innerhalb eines Jahres oder einer Jahreszeit nicht zuläßt. Dieser Nachteil läßt sich aber durch Ermittlung quantitativer Bodenabtragungen ausgleichen. Es müssen dazu Versuchsflächen auf dem durch Erosion betroffenen Ackerland angelegt werden.

Die Untersuchung der Bodenerosion auf den Feldern wird bereits weitgehend bei den bodenkundlichen Arbeiten durchgeführt. Erodierte Böden mit verminderter Ertragsfähigkeit werden auf allen Bodenkarten besonders gekennzeichnet.

XII. Untersuchung jungfräulicher und brachliegender Steppenböden

Als jungfräulich werden Böden mit natürlicher Vegetation bezeichnet, die noch nie beackert wurden, mitunter aber auch solche Böden, die vor sehr langer Zeit umgebrochen, jedoch seit zwanzig, dreißig oder mehr Jahren landwirtschaftlich nicht mehr genutzt worden sind. Durch Bewuchs mit Steppenpflanzen, insbesondere durch die starke Bewurzelung der Gräser erlangen diese Böden eine sehr hohe natürliche Fruchtbarkeit. Bereits die oberen Horizonte sind gut durchwurzelt, wodurch der Humusgehalt gesteigert und eine krümelige bis körnige Struktur gebildet wird.

Auf den jungfräulichen Steppenböden finden sich Gräser als hauptsächliche Vegetation. Nach M. G. Popow bildet in den Steppen Kasachtans der Furchenschwingel (*Festuca sulcata*) den Hauptteil der Steppenpflanzengemeinschaft.

Ferner sind verschiedene Pfriemengrasarten zu nennen. Die Pfriemengräser werden höher als der Schwingel. Im Durchschnitt sind die Blätter des Schwingels 10 bis 20 cm, die des Pfriemengrases 25 bis 50 cm lang. Das Pfriemengras bildet größere Horste zwischen den kleinen Flächen des Schwingels. Popow unterscheidet drei Pfriemengrasarten Kasachtans: 1. *Stipa capillata* und *Stipa sareptana* = haarförmiges Pfriemengras; 2. *Stipa Lessingiana* = feinblättriges Pfriemengras; 3. *Stipa pennata* = federiges Pfriemengras.

Zwischen Schwingel und Pfriemengras kommen vereinzelt feinstengelige und kurzwurzelige Gräser vor: Kammschmiele, Ritschgras (*Koeleria gracilis*), Wiesenrispengras (*Poa pratensis* und *Poa sterilis*); Glanzlieschgras (*Phleum Boehmeri*), *Agropyrum cristatum*, Grannenlose Trespe (*Bromus inermis*) und andere Rietgräser (*Carex*) haben in der Steppe geringere Bedeutung.

Außer Schwingel-Pfriemengras-Steppen gibt es auch mit Gebüsch bewachsene. Nach der Beschreibung POPOWS siedeln sich hier hauptsächlich schmalblättrige Spiersträucher, darunter *Spirea erenifolia*, Zwergmandelbaum (*Amygdalus nana*), Goldregen (*Cytisus ruthenicum*) und andere an. Zwischen diesen Sträuchern finden sich fast alle Arten der Steppengräser.

Nach POPOW herrscht in den Steppen der Ural-Wolshker Wasserscheide auf den Schwarzerdeböden kurzblättriges Pfriemengras (*Stipa stenophylla*) vor. Auch westlich der Wolga ist dieses Pfriemengras verbreitet.

Die oben beschriebene Vegetation ist für die durch Grünlandnutzung veränderte jungfräuliche Steppe kennzeichnend. Besonders die Weidenutzung jungfräulicher Böden bringt eine weitgehende Wandlung der Steppenvegetation mit sich. G. I. TANFILJEW berichtet, daß durch den Einfluß der Beweidung die Vegetation einer jungfräulichen Steppe sich verändern oder verschwinden kann. Einige Pflanzen werden vom Vieh gemieden und breiten sich auf Kosten der Futterpflanzen rasch aus. Durch die düngende Wirkung der tierischen Exkremente kommt es zur Entwicklung der einen und zum Verschwinden der anderen Pflanzenart. Die Steppenweiden sind entweder mit Wolfsmilch (*Euphorbia gerardiana* und *glarosa*) und mit Beifuß (*Artemisia*) oder mit *Linosyris villosa* bzw. *ceratocarpus arenarius* durchsetzt.

Nach P. P. BEGUTSCHEW macht die natürliche Grasvegetation des südlichen Tschernosjom und der dunkelfarbigen Böden des Transwolgagebietes unter dem Tritt der Tiere folgende Veränderungen durch:

1. Anfänglich verschwindet *Stipa Lessingiana*, später auch *Stipa capillata*. An deren Stelle treten Furchenschwingel (*Festuca sulcata*), Beifuß (*Artemisia austriaca*) und knolliges Rispengras (*Poa bulbosa*).
2. Der Schwingel (*Festuca*) geht auf Kosten von Beifuß (*Artemisia austriaca*) zurück, in dessen Umgebung sich die Zahl der einjährigen Pflanzen erhöht. Immer größere Flächen werden von *Poa bulbosa* eingenommen. Wolfsmilch verbreitet sich.
3. Der Beifuß wird verdrängt. Im Frühjahr und im feuchten Herbst zeigen sich *Poa bulbosa, vivipara*. Wiesenunkräuter wie Wolfsmilch (*Euphorbia virgata*), Thymian (*Thymus marschallianus*), Distel (*Carduus incinatus*) entwickeln sich.
4. Der mit seinen Ausläufern am Boden kriechende Vogelknöterich (*Polygonum aviculare*), mitunter auch Melde (*Artriplex tataricum*) beginnen sich auszubreiten.
5. Keine Vegetation.

Die Steppengrasvegetation verändert sich besonders stark, wenn mit der Wiesennutzung auch Weidegang verbunden ist.

Noch mannigfaltiger ist die Pflanzendecke auf den brachliegenden Ländereien. Man unterscheidet junges oder seit kurzem brachliegendes Land (2 bis 4 Jahre), Brachland mittleren Alters (5 bis 10 Jahre), altes Brachland (11 bis 15 Jahre) und sehr altes (über 15 Jahre). Je nach Dauer der Brache variiert die Vegetation selbst auf einheitlichen Böden sehr stark.

Nach W. Bogdan wird auf Brachland folgender Vegetationswechsel beobachtet: Anfangs erscheinen ein- und zweijährige Unkräuter. Nach 2 bis 3 Jahren, bisweilen auch später, gehen diese zurück. An ihre Stelle tritt die Quecke, schließlich wird sie von den echten Gräsern (*Festuca ovina, Stipa, Koeleria cristata, Phleum Boehmeri*, im Osten *Triticum cristatum, Triticum desertorum*) überwuchert. Das ist die allgemeine Reihenfolge. Bisweilen fehlt das Stadium der ein- und zweijährigen Unkräuter. Dann beginnt die Vegetation des Brachlandes mit der Quecke. Meist siedeln sich auf dem Brachland Steppengräser und andere Pflanzen an. Die Steppengräser finden sich frühestens nach 6 Jahren ein, wie im Gebiet von Samara festgestellt wurde, meist aber bedeutend später (nach 15 Jahren und mehr).

Bei Bodenuntersuchungen jungfräulicher Steppen und brachliegender Ländereien ist außer den Böden, dem Relief, der Geomorphologie und der Hydrogeologie auch die Vegetation eingehend zu prüfen.

Auf der Feldkarte und auf der endgültigen Bodenkarte sind die Abschnitte abzustecken, die sich durch ihre Vegetation unterscheiden, damit bei der Neulandkultivierung die Flächen bestimmt werden können, die ohne schwierige agrotechnische und meliorative Maßnahmen zur Erzielung von Höchsterträgen geeignet sind.

Von gleichartigen Steppenböden lassen sich am leichtesten die jungfräulichen mit einer Schwingel-Pfriemengras-Vegetation kultivieren. Auf diesen Böden erscheinen im ersten Jahre gewöhnlich keine Unkräuter.

Die Kultivierung eines jungfräulichen Bodens, der als Weide genutzt wurde, und die Bearbeitung eines Queckenbrachlandes sind schon schwieriger. Das Queckenbrachland ist vor dem Pflügen kreuzweise (oder in drei Strichen) mit Scheiben- oder Schälgeräten auf eine Tiefe von 10 bis 12 cm zu bearbeiten und erst dann umzubrechen; weiterhin wird wie bei der Schwarzbrache verfahren. Bei einem Bestand von Schärfling (*Asperugo procumbens*) empfiehlt es sich, 2 bis 3 cm tiefer zu pflügen als die Hauptwurzeln reichen, d. h. 25 bis 27 cm tief. Anderthalb bis zwei Monate nach dem Vertrocknen der an die Oberfläche gebrachten Wurzeln wird der Boden kreuzweise geschält. Solche Ländereien sollten erst an zweiter Stelle kultiviert werden, sofern noch Neuland mit einer Schwingel-Pfriemengras-Vegetation zur Verfügung steht.

Sind die Vegetationsgrenzen auf der Bodenkarte festgelegt, so können vor Beginn der Feldarbeiten die Flächen für unterschiedliche Bodenarbeitung bestimmt und der Arbeitsaufwand je Flächeneinheit errechnet werden. Zuerst werden Tschernosjom und dunkelkastanienfarbige Böden kultiviert, erst später Böden mit großem Anteil an Solonez, solonezhaltige, versumpfte und erodierte

Böden, da hierzu spezielle agrotechnische Maßnahmen und Meliorationen erforderlich sind.

Solonezböden mit einer tiefen Säulenstruktur und einem mindestens 15 bis 16 cm mächtigen A-Horizont, bei denen die wasserlöslichen Salze in größeren Tiefen liegen, können ohne vorherige Melioration umgebrochen werden. Die Pflugtiefe soll nicht über den A-Horizont hinausgehen. Der verdichtete B_1-Horizont ist mit einem geeigneten Gerät zu lockern.

Bei Beschreibung der Grablöcher müssen Struktur der oberen Bodenhorizonte, ihre Humosität und die humosen Einflüsse im Bodenprofil besonders beachtet werden. Hiernach läßt sich das Alter des Brachlandes genauer bestimmen, was mitunter ausschlaggebend für die Pflugtiefe ist.

Das Relief ist nicht nur als bodenbildender Faktor — worüber bereits gesprochen wurde —, sondern auch als Ursache der Erosion, ferner für das Zurückhalten von Schmelzwasser und als Ausgangspunkt für die Erosionsbekämpfung bestimmend. In den Geländeteilen mit ebenem Relief kann der Schnee mit Spezialgeräten zurückgehalten werden, an den Hängen werden Dämme und Furchen gezogen, längs des Hanges wird gepflügt usw. Die Reliefuntersuchungen sind für diese Zwecke besonders wichtig, wenn sich die Arbeiten nicht auf eine topographische Unterlage, sondern auf Landvermessungspläne mit horizontaler Aufnahme stützen.

XIII. Feldmäßige Bodenuntersuchungen zur Einrichtung eines Bewässerungssystems

Durch die Bodennutzung im unbewässerten Ackerbau wird hauptsächlich der obere Teil des Bodenprofils grundlegend verändert, nämlich durch Pflügen, Düngung, Kalken, Gipsen u. a. Die Bodenuntersuchungen für den unbewässerten Ackerbau erstrecken sich, wie bereits oben beschrieben, auf Tiefen von 1,5 bis 3 m. Hierbei sind die physikalisch-geographischen Erscheinungen innerhalb dieses Profils festzustellen. Das genügt für eine genetische und landwirtschaftliche Beschreibung der Böden sowie für die Ausarbeitung einer Bodenkarte, die als Unterlage in einem unbewässerten landwirtschaftlichen Betrieb benutzt werden soll.

Zur Einrichtung einer Bewässerungsanlage sind die Bodenuntersuchungen ausführlicher zu gestalten, weil noch andere Erscheinungen berücksichtigt werden müssen. Bei Bewässerung verändern sich die Vorgänge nicht nur in der Ackerkrume, sondern auch die innerhalb des Untergrundes, des bodenbildenden Gesteins und sogar des Grundwassers.

Professor L. P. Rossow hat 1934 veröffentlicht, daß durch Bewässerung in Mittelasien durchschnittlich 4000 bis 5000 cbm Wasser je ha Nutzfläche den Böden neben den Niederschlagsmengen zugeführt wurden. Der Nutzungskoeffizient des Systems kann durchschnittlich mit 0,5 angenommen werden. Geht man von der Gesamtleistung der Bewäserungsanlage aus, so kommt man zu einer Gesamtmenge von jährlich 8000 bis 10 000 cbm Wasser je Tag. Von dieser Wassermenge wird aber nur der geringere Teil von den Pflanzen transpiriert und verdunstet damit unmittelbar, während der größere Teil im Boden versickert. Durch die große Wassermenge ändert sich die Wasserführung im Boden auf eine größere Tiefe beträchtlich.

Durch Berieselung werden Verdunstung und Transpiration erhöht. Professor E. A. Kowda berichtet, daß ohne Bewässerung die Verdunstung und Transpiration in Wüsten und Halbwüsten nicht mehr als 150 bis 200 mm jährlich beträgt. Bei Bewässerung steigt sie im gleichen Zeitraum auf 1000 bis 2000 mm an.

Infolge dieser bedeutenden Veränderungen in der Wasserführung eines bewässerten Geländes ändert sich auch der Salzgehalt des Bodens und des Grundwassers entsprechend. Je nach den Bodenverhältnissen trägt das zugeführte Wasser teils zur Entsalzung der Böden bei, teils kann auch bei unsachgemäßer Bewässerung eine so starke Versalzung oder Versumpfung hervorgerufen werden, daß größere Flächen eines bewässerten Gebietes nicht mehr landwirtschaftlich genutzt werden können.

Bodenversalzung und Versumpfung sind meist die Folgen, wenn die Bearbeitungs- und Bewässerungsmaßnahmen den natürlichen Verhältnissen nicht entsprechen. Hierzu berichtet das Akademiemitglied A. N. Kostjakow: „Die Versalzung bewässerter Ländereien ist durchaus nicht eine Folge der Wasserzufuhr an sich, sondern die einer schlechten Bodenbearbeitung (Fehlen einer Krümelstruktur) und einer im Übermaß betriebenen Wasserzufuhr. Die Bewässerung ist so zu steuern, daß nicht nur Anzeichen einer Versumpfung und Versalzung vermieden werden, sondern daß auch von Anfang an einem möglichen Auftreten vorgebeugt wird.“

Vor Einrichtung einer Bewässerungsanlage und zweckentsprechender Bodenbearbeitung sind grundsätzlich zuerst die natürlichen Verhältnisse des Geländes zu prüfen und etwaige Veränderungen, die in der Bodenbildung eintreten können, zu berücksichtigen. Es empfiehlt sich daher in einem solchen Fall, die bodenkundlich-meliorativen Untersuchungen einer gekoppelten bodenkundlich-hydrogeologischen Gruppe unter Leitung eines erfahrenen Bodenkundlers zu übertragen.

Aus dem Projekt an der unteren Wolga und aus Bodenuntersuchungen im südlichen Transwolgagebiet sowie in anderen Kreisen wurden für die Aufstellung technischer Be- und Entwässerungsprojekte langjährige Erfahrungen gewonnen, nach denen nur eine gekoppelte Untersuchungsmethode der bodenkundlichen und hydrogeologischen Verhältnisse genaue Ergebnisse gewährleisten kann. Bei diesen Untersuchungen sollen Bodenkundler und Hydrogeologen zusammenarbeiten, und außerdem ist das gesamte Arbeitsprogramm abzustimmen: Aufstellung der Pläne für Feld- und Laboratoriumsarbeiten sowie der hierbei anzuwendenden Methoden, Ausarbeitung kartographischer Unterlagen, Abfassung von Berichten und einer bodenkundlich-meliorativen Beschreibung der zu untersuchenden Böden.

Vor Beginn der feldmäßigen Arbeiten sind nach den vorhandenen textlichen und kartographischen Unterlagen (geologische Karten, geomorphologische, bodenkundliche u. a.) die vorgesehenen Bohrlöcher und Aufgrabungen mit Tiefe in die topographische Karte einzutragen. Auch die Untersuchungsmethoden für die chemische und mechanische Analyse der Bodenproben sind zu bestimmen.

Nach diesem Plan haben der Bodenkundler und der Hydrogeologe die Bohrlöcher und Aufgrabungen auf dem Feld festzulegen. Vor den Bohrungen sind an jeder hierfür bestimmten Stelle Grablöcher anzulegen, genau zu beschreiben und Bodenproben zu nehmen. Die Bohrung beginnt vom Grund des Grabloches aus an der vorderen Wand, an der die Bodenproben entnommen wurden. Die Ergebnisse der Bodenuntersuchungen, die von einer Abteilung bei jedem Tagesabschnitt aufgezeichnet wurden, sind während der feldmäßigen Arbeiten auch den anderen Abteilungen zu überlassen. Es ist für den Bodenkundler besonders wichtig, die hydrogeologischen Untersuchungsergebnisse täglich zu erhalten, wenigstens aber Anhaltspunkte über die Grenzen der geomorphologischen Bezirke und Abschnitte, über den geologischen Aufbau, die Gesteinsart, über die Tiefe des Grundwasserspiegels, das Vorhandensein von Oberwasser u. a.

Die Hydrologen sollten hauptsächlich die mechanische Zusammensetzung und den Salzgehalt des bodenbildenden sowie unterlagernden Gesteins, ferner die Höhe des erreichten Grundwasserspiegels untersuchen. Wichtig für die bodenkundlich-hydrogeologische Gruppenarbeit sind Geologie, Geomorphologie, Hydrogeologie und Bodenbeschreibung. Hier soll nicht auf alle Einzelheiten der Bodenuntersuchung eingegangen werden. Es seien nur kurz einige erwähnt, die von den Bodenkundlern während der feldmäßigen Untersuchungen und deren Auswertung, bei der Ausarbeitung einer bodenkundlich-meliorativen Charakteristik und bei der Ausführung einer bodenkundlichen sowie bodenkundlich-meliorativen Karte zu beachten sind.

Zunächst sind das Gestein, das sich zwischen der Bodenoberfläche und dem Grundwasserbereich befindet, auf seine mechanische Zusammensetzung, sein Versalzungsgrad und seine physikalischen Eigenschaften zu untersuchen.

Weitere Aufmerksamkeit ist den geomorphologischen Verhältnissen zu widmen, da die Kenntnis der Geomorphologie die Möglichkeit bietet, die Gesetzmäßigkeit vieler natürlicher Erscheinungen und ihrer geographischen Verbreitung richtig zu verstehen (natürliche Bodenbildung, Wasserführung in den einzelnen Bodenhorizonten, Höhe des Grundwasserspiegels, bodenbildendes Gestein u. a.).

In geomorphologischer Hinsicht beginnen die Arbeiten mit der Aufgrabung der Oberfläche der Böden, d. h. mit der Untersuchung des Reliefs. Sobald das Relief bekannt ist, wird das Gelände in geomorphologische Bezirke und Abschnitte gegliedert und deren Ausdehnung in die topographische Karte eingetragen. Liegt das Untersuchungsgelände in zwei oder drei geomorphologischen Gebieten, so sind auch diese genau auf der Karte zu vermerken. Dann wird jeder einzelne geomorphologische Bezirk und Abschnitt untersucht und seine Grenzen neu festgelegt. Für jeden geomorphologischen Abschnitt sind nach dem gegebenen Maßstab mit ausreichender Genauigkeit die geologischen Verhältnisse, die Hydrogeologie, die Reliefeigenschaften und die Böden zu untersuchen.

Gestützt auf diese Ergebnisse werden durch Aufgrabung Entstehung und Entwicklung der einzelnen geomorphologischen Bezirke und Abschnitte untersucht. Die äußerliche Ähnlichkeit der Oberflächengestaltung kann eine unterschiedliche

Entwicklung des Bodens verdecken. Diese genau zu kennen ist aber für meliorative Maßnahmen unerläßlich.

Außer den Voraussetzungen für die Entstehung der jeweiligen geomorphologischen Einheit sind auch die Bildungen des Reliefs, des Gesteins und die Auswirkungen des Grundwassers zu prüfen.

Grundwasseruntersuchungen bilden die erste Voraussetzung für die Ausarbeitung eines Bewässerungsprojektes.

Folgendes ist festzustellen:

1. Tiefe des Grundwasserspiegels. Zahl der wasserführenden Horizonte sowie ihre Mächtigkeit im Makro-, Meso- und Mikrorelief bei jedem geomorphologischen Abschnitt;
2. Grundwasserverhältnisse und Bildung von Oberwasser;
3. Richtung und Geschwindigkeit des absinkenden Wassers;
4. Chemische Bestandteile des Grundwassers und seine Veränderungen in horizontaler sowie vertikaler Richtung;
5. Leitung des Grundwassers, Besonderheiten in der Schwankung des Grundwasserstandes;
   (Diese Arbeit ist ortsgebunden und unter allen Umständen im Verlauf eines Jahres durchzuführen.)
6. Herkunft des Grundwassers;
7. Möglichkeit einer Ableitung beim Ansteigen des Grundwassers nach der Bewässerung;
8. Kritische Tiefe des Grundwasserspiegels.

Die Grundwasser- und Untergrunduntersuchungen werden an den Grab- und Bohrlöchern durchgeführt.

Die Stellen für die Bohrlöcher sind unter Berücksichtigung der geologischen, geomorphologischen und bodenkundlichen Gesichtspunkte auszuwählen. Mitunter werden die Bohrlöcher rein mechanisch in möglichst gleichen Abständen über das Untersuchungsgelände verteilt. Als Hilfsmittel hierzu dient ein Quadratnetz, dessen Seiten 1000, 2000 oder 3000 m lang sind und dessen Kreuzungspunkte für die Bohrungen bestimmt werden.

Eine solche Anordnung erweist sich aber praktisch als unbrauchbar, da sie keine Gewähr bietet, alle morphologischen Abschnitte zu erfassen.

Oben wurde erwähnt, daß gewisse Vorgänge in einem bewässerten Boden auf die veränderte Wasserführung zurückgeführt werden können. Hierdurch verändert sich auch der Salzgehalt. Die wasserlöslichen Salze werden mitunter aus den oberen Bodenhorizonten in den Untergrund und in den Bereich des darunterliegenden Gesteins verlagert. Häufig steigen sie aus dem Untergrund mit dem versalzten Grundwasser in die oberen Bodenhorizonte und beeinflussen diese so stark, daß der Boden solontschakhaltig wird, sogar in Solontschak übergeht. Daher ist bei den feldmäßigen Arbeiten für ein Bewässerungsprojekt außer der Bodenbildung auch der hierdurch bedingte Wassereinfluß auf die Produktionskraft zu untersuchen.

Die mechanische Bodenzusammensetzung ist für die wasserphysikalischen Vorgänge im wesentlichen Maße ausschlaggebend.

Bekanntlich unterscheidet man Böden verschiedener mechanischer Zusammensetzung auch nach ihrer Wasserführung und folglich auch hinsichtlich des Ablaufs einer Reihe bodenbildender Prozesse (biologische und chemische Vorgänge, Umsetzung verschiedener Stoffe im Bodenprofil, insbesondere wasserlöslicher Salze u. a.).

Die mechanische Bodenzusammensetzung ist ein Merkmal für die wasserphysikalischen Bodeneigenschaften (Wasserdurchlässigkeit, Wasserkapazität, kapillare Eigenschaften, Filtration usw.). Sie beeinflußt die Strukturbildung in starkem Maße und ist daher bei den feldmäßigen Bodenuntersuchungen eingehend zu prüfen.

Hierbei ist der Grad der Einheitlichkeit der mechanischen Bodenzusammensetzung besonders zu beachten, da bisweilen verhältnismäßig geringe dazwischengeschobene Gesteinsschichten Bildung von Oberwasser hervorrufen können und damit die Wasserführung des Bodens und seinen Salzgehalt bestimmen.

Außer der mechanischen Zusammensetzung werden feldmäßig und im Laboratorium die wasserphysikalischen Eigenschaften der Böden und des Gesteins untersucht. Diese Untersuchungen dienen zur Festlegung der Normen und der Intensität der Beregnung, der Bewässerung, der Durchwaschung, für den Abstand der Bewässerungsgräben oder Rohre, je nach dem auszuarbeitenden Projekt.

Nach langjährigen Erfahrungen, die das ehemalige Projektierungsbüro für die Bewässerung an der unteren Wolga und auch andere Verwaltungsstellen gewonnen haben, erweist es sich als notwendig, bei Bodenuntersuchungen für Einrichtung von Bewässerungsanlagen folgende wasserphysikalischen Eigenschaften zu bestimmen:

1. Volumengewicht;
2. Verlauf der Wasserspeicherung bei ständigem Druck und bei Berieselung in Furchen oder Streifen;
3. standortbedingte Feuchtigkeit;
4. Grenz-Wasserkapazität;
5. Filtrationskoeffizient;
6. wasserleitende Fähigkeit und kritische Tiefe des Grundwasserspiegels;
7. mechanische Zusammensetzung;
8. Aggregate und Mikroaggregate;
9. spezifisches Gewicht;
10. Porosität;
11. maximale Hygroskopizität.[1]

[1] Untersuchungsmethoden wasserphysikalischer Bodeneigenschaften werden in folgenden Arbeiten beschrieben: L. P. Rosow, Die meliorative Bodenkunde, 1936; N. A. Katschinski, N. N. Dolgopolowa und D. D. Ossin, Die physikalischen Bodeneigenschaften der Niederung Bogas in Aserbaidshan (Wissenschaftliche Aufzeichnungen der Moskauer Universität, Ausgabe 17, Bodenkunde 1937); S. W. Astapow, Praktikum für meliorative Bodenkunde, Moskau 1947; S. W. Astapow und S. I. Dolgow, Methoden der meliorativen Bodencharakteristik. Anleitung für bodenkundlich-meliorative Untersuchungen in den Steppen- und Waldsteppengebieten des europäischen Teiles der UdSSR, Teil II, Moskau 1953.

Ferner sind der Untergrund und der Grad der Bodenversalzung nach der qualitativen Reaktion zu untersuchen, falls nicht die Möglichkeit besteht, eine genauere Methode anzuwenden.

Durch Gegenüberstellung quantitativer und qualitativer Analysen auf wasserlösliche Salze in verschiedenen Bodentiefen, im Untergrund und im Grundwasser wird der Grad der gegenwärtigen Umsetzung dieser Salze festgestellt und ermittelt, ob z. Zt. Veränderungen im Salzgehalt stattfinden. Gegebenenfalls sind die Ursachen der Versalzung festzustellen und Maßnahmen zu ihrer Beseitigung auszuarbeiten.

Sowohl eine feldmäßige Untersuchung als auch eine solche im Laboratorium auf wasserlösliche Salze ist erforderlich zur Ausarbeitung agrotechnischer und meliorativer Maßnahmen, die einer Versalzung der bewässerten Böden vorbeugen oder dazu beitragen, die im Boden befindlichen wasserlöslichen Salze unschädlich zu machen. Vor der Bewässerung ist auch eine Analyse des hierfür vorgesehenen Wassers vorzunehmen.

Durch Berieselungswasser, das mehr Natrium als Calcium enthält, kann der Boden solonezhaltig werden. Eine wichtige meliorative Eigenschaft eines Bodens ist seine Solonezhaltigkeit, die bei den feldmäßigen Untersuchungen nach den morphologischen Merkmalen, im Laboratorium durch quantitative Bestimmung des sorbierten Ca, Mg und Na ermittelt wird.

Um das Profil einer Bodenart genau zu untersuchen, legt man Bodenaufgrabungen bis zu 4 m Tiefe an und entnimmt diesen Grablöchern aus den einzelnen Horizonten die für eine volle analytische Bearbeitung der chemischen und mechanischen Zusammensetzung sowie der wasserphysikalischen Eigenschaften erforderliche Anzahl Proben.

Ist die Beschaffenheit des Untergrundes in größeren Tiefen zu untersuchen, sind tiefreichende Bohrungen anzulegen oder wenigstens ist zu versuchen, Tiefen von 8 bis 10 m oder das Grundwasser zu erreichen.

XIV. Auswertung feldmäßiger Unterlagen

Ausgangspunkt für die Ausarbeitung der endgültigen Bodenkarte und für die Beschreibung des Untersuchungsgeländes sind die bei der Feldbegehung gewonnenen Unterlagen.

A. Durchsicht der Bodenproben und Feldtagebücher

Die Bodenproben sind in trockenem Zustand, nach Aufgrabungen getrennt, aufzubewahren, mit einer entsprechenden Aufschrift zu versehen und nach ihrer Registrierung mit den Aufzeichnungen im Feldtagebuch zu vergleichen. Die Bearbeitung der Bodenproben richtet sich nach ihrer unterschiedlichen Zusammensetzung, wie sie durch die mechanische Analyse ermittelt wurde. Zeigen sich Farbunterschiede, ist auch die Humosität zu berücksichtigen.

Eine derartige Einteilung gewährleistet für die Tätigkeit im Gelände eine einheitliche Bezeichnung nach Farbe, Struktur, mechanischer Zusammensetzung und sonstigen morphologischen Merkmalen. Bei der Durchsicht werden die Proben für die Analyse bestimmt. Hierbei hat jeder Bodenkundler seine Proben und Feldtagebücher nach Weisung des verantwortlichen Leiters durchzusehen und gegebenenfalls zu korrigieren.

Danach wird eine Aufstellung der morphologischen Bodenmerkmale angefertigt. Hierin sind alle im Feldtagebuch beschriebenen Aufgrabungen nach einer festgelegten Klassifikation unter Berücksichtigung der Geomorphologie und des bodenbildenden Gesteins zu ordnen (Anlage 3).

Von jeder Gruppe der Grablöcher werden die Kennziffern der morphologischen Merkmale zusammengezogen, und an Hand dessen wird der durchschnittliche Wert, Maximum und Minimum errechnet. Falls sich die Proben aus einigen Grablöchern durch ihre Morphologie innerhalb einer bestimmten Gruppe unterscheiden, sind die Ursachen zu klären und abweichende Proben einer anderen Gruppe zuzuschreiben. An Hand einer solchen Übersicht läßt sich der Unterschied der morphologischen Bodenmerkmale in den einzelnen Gruppen leicht feststellen.

B. Analytische Bearbeitung der Bodenproben

Die genetische Bodenklassifikation, die bei den feldmäßigen Untersuchungen nach der Morphologie ausgearbeitet wurde, ist analytisch zu bearbeiten. Die im Laboratorium festgestellten quantitativen Bodenmerkmale ermöglichen es, den Bodentyp genau zu bestimmen und ihn in eine bestimmte Klasse einzuordnen. Hierauf gründet sich die betriebswirtschaftliche und meliorative Charakteristik.

Die Proben sind in folgender Weise zu analysieren:

1. Der Humusgehalt wird in allen Böden nach Knop oder nach Tjurin, und zwar an vier bis fünf Proben aus jeder Aufgrabung bestimmt.
2. Die mechanische Zusammensetzung wird bei allen Böden an fünf bis sieben Proben festgestellt. Der Pflughorizont und der Unterboden sind einer mechanischen Analyse zu unterziehen, die mit einer Pipette durch Behandlung mit HCl und nachfolgendem Dispergieren durch NaOH vorgenommen wird. Die Fallgeschwindigkeit der Bodenteilchen im Wasser wird nach Stoks ermittelt. Bei Bodenuntersuchungen für Meliorationen sind aus den unteren Horizonten neun bis zehn oder mehr Proben zu entnehmen.
3. Die Mikroaggregat-Zusammenstellung ist in der Ackerkrume nach Katschinski zu bestimmen. Für meliorative Zwecke sind vier bis fünf Proben erforderlich.
4. Die Bestimmung von CO_2 ist nach Knop oder Golubew vorzunehmen. Sie richtet sich nach dem Grad des Aufschäumens durch Salzsäure in den verschiedenen Bodentiefen. Der CO_2-Gehalt ist durch Bodenproben zu ermitteln, die

a) oberhalb der Aufschäumungslinie,
b) zu Beginn der Aufschäumens,
c) bei Wahrnehmung des Kalkgehalts

einem Horizont mit starkem Kalkvorkommen und dem Untergrund entnommen werden. Der CO_2-Gehalt ist vor allem bei den Bodenproben festzustellen, in denen das absorbierte Calcium und Magnesium zu ermitteln sind.

5. Das absorbierte Calcium oder Magnesium wird nach GEDROIZ bei allen Böden in den oberen drei bis fünf Horizonten bestimmt, die bei einer Behandlung mit Salzsäure nicht aufschäumen. Die Ackerkrume ist stets daraufhin zu untersuchen.
6. Das absorbierte Natrium wird nach GEDROIZ in den salzhaltigen und Solonezböden in allen Horizonten bestimmt, in denen die Solonezhaltigkeit morphologisch zum Ausdruck kommt, auch in den oberen Horizonten (A_1 und A_2).

   Das absorbierte Natrium ist auch in den Böden nachzuweisen, in denen solonezartige Abarten auftreten können (z. B. im Tschernosjom, in Böden des kastanienfarbigen Typs usw.). Hiernach werden die solonezartigen Böden nach ihrem verschiedenen Gehalt auf der Bodenkarte eingezeichnet.
7. Die Sorptionskapazität nach GEDROIZ ist sowohl in den carbonathaltigen, solonezartigen und versalzten Böden als auch bei den Bodenproben mit verkürzter analytischer Bearbeitung zu erfassen, sofern aus den absorbierten Basen nur das Natrium zu ermitteln ist, um den Grad der Solonezhaltigkeit festzulegen.
8. Bei nicht mit Basen gesättigten Böden sind die absorbierten Basen in drei bis vier oberen Horizonten nach KAPPEN zu bestimmen (Podsol- und Waldböden, podsolierte und ausgelaugte Tschernosjom).
9. Die Bestimmung der wasserlöslichen Salze geschieht nach GEDROIZ durch qualitative Reaktionen.

   Für die Analysen des wäßrigen Auszugs werden die Proben so entnommen, daß möglichst die Stellen erkennbar sind, an denen wasserlösliche Salze auftreten, wo die toxische Wirkung dieser Salze beginnt, wo ihre maximale Anreicherung liegt und wo die Salze unter das Maximum sinken.

   Im wäßrigen Auszug werden die wasserlöslichen Salze, die Gesamtalkalität, die der Carbonate, der Humus, Cl', SO''_4, Ca'' und Mg'' bestimmt. Bei Solontschakböden ist eine Bestimmung von Na und K erwünscht. Man analysiert dazu Proben aus fünf bis sieben Tiefenlagen. Sollen Bodenverbesserungsmaßnahmen ausgearbeitet werden, ist die Zahl der Bodenproben aus den Tiefenaufgrabungen auf neun, zehn oder auch mehr zu erhöhen.

   Eine noch größere Anzahl von Analysen ist zur Errechnung der Wassermengen bei einer Bewässerung anzufertigen, die zum Durchwaschen versalzter Böden erforderlich sind. Hierbei richtet sich die Zahl der Analysen nach dem Grundwasser, nach der Versalzung der Bodenhorizonte, des Untergrunds und des darunterliegenden Gesteins. Weist das Profil in den einzelnen Bodenhorizonten eine unterschiedliche Versalzung auf, sind Proben aus allen Schichten zu entnehmen.

10. Bei Bodenuntersuchungen für meliorative Zwecke ist der Gipsgehalt durch Proben aus zwei bis drei Horizonten zu bestimmen.
11. Der p_H-Wert ist in allen Böden zu untersuchen, die bei einer Behandlung mit Salzsäure nicht aufschäumen.
12. Der hydrolytische Säuregehalt wird nach KAPPEN in den oberen von Basen nicht gesättigten drei bis vier Horizonten ermittelt.
13. Die Basensättigung ist nach dem hydrolytischen Säuregehalt und nach der Summe der absorbierten Basen nach fogender Formel zu errechnen:

$$v = \frac{S \cdot 100}{S + H'}$$

wobei v = Sättigungsgrad des Bodens mit Basen in Prozenten,
S = Summe der absorbierten Basen,
H = hydrolytischer Säuregehalt, ausgedrückt in Milliäquivalent je 100 g Trockenboden,

darstellt.

14. Gesamtstickstoff nach KJELDAHL.
15. Hydrolysierter Stickstoff nach TJURIN.
16. Gesamte P_2O_5 nach FISCHER.
17. Bewegliche P_2O_5 nach KIRSANOW, in den Podsolböden nach TRUOG, im Tschernosjom und in den Karbonatböden nach DAS.
18. Bewegliches Kalium nach KIRSANOW.

Die Analysen 14, 15, 16, 17 und 18 sind bei allen Böden aus der Ackerkrume vorzunehmen, in den ungepflügten Böden aus dem A- und B-Horizont.

19. Die maximale Hygroskopizität ist nach MITSCHERLICH durch die Methode KATSCHINSKI an Hand von drei bis vier Proben zu ermitteln.
20. Der Alkaliauszug (5% KOH) wird nach GEDROIZ in ein bis zwei Horizonten der Solotböden analysiert.
21. Die Bruttoanalyse zur Beschreibung der am häufigsten verbreiteten Böden erfolgt an fünf bis sechs Proben. Sie ist kostspielig und zeitraubend. Es ist wünschenswert, vom Hauptbodentyp eines jeden Gebiets aus ein bis zwei Aufgrabungen Proben zu entnehmen.

Außer der analytischen Behandlung der Bodenproben aus typischen Grablöchern sind Kontrollaufgrabungen erforderlich mit dem Zweck, die Einheitlichkeit der Böden nach ihren wichtigsten genetischen Eigenschaften festzustellen, und ihre Grenzen genau zu bestimmen.

Die Anzahl der Proben bei den Kontrollaufgrabungen sowie die Methode der Analyse richten sich stets nach der Eigenart der Böden. Vordringlich ist bei allen Böden die Bestimmung des Humusgehalts und der mechanischen Zusammensetzung. Außerdem erscheint es zweckmäßig, bei mit Basen gesättigten Böden das absorbierte Kalium und Magnesium, in den Solonezböden das absorbierte Natrium zu ermitteln. In den mit Basen nicht gesättigten Böden (von den Podsolböden bis zum ausgelaugten Tschernosjom) werden außer dem Humusgehalt und der mechanischen Zusammensetzung auch noch der p_H-Wert, der hydrolytische Säuregehalt und die Summe der absorbierten Basen nach KAPPEN bestimmt.

Bei Kontrolluntersuchungen genügt es gewöhnlich, drei bis vier Proben aus den oberen Horizonten zu analysieren. Aus dem Ergebnis kann auf Humusgehalt und mechanische Zusammensetzung in den zwei bis drei oberen Horizonten mit hinreichender Sicherheit geschlossen werden (z.B. bei der Festlegung der Verbreitungsgrenzen der Böden).

Die Auswahl der Grablöcher und die Analyse der Bodenproben stellen verantwortungsvolle Aufgaben des Bodenkundlers dar. Die Analyse aus einem unsachgemäß angelegten Grabloch bzw. die hieraus entnommene Bodenprobe geben falsche Vorstellungen über die genetischen und ackerbaulichen Bodeneigenschaften.

Bevor die Grablöcher festgelegt werden, ist das vorhandene analytische Material früherer Arbeiten für das zu untersuchende und das angrenzende Gebiet sorgfältig durchzusehen, damit nicht bereits frühere Analysen wiederholt und die Arbeiten unnötig verteuert werden.

Die Proben, sind wie beschrieben, einem Laboratorium unter Angabe der Untersuchungsmethode zuzuleiten.

Hierüber ist eine Liste in doppelter Ausführung anzufertigen. Ein Exemplar wird vom Bodenkundler unterschrieben, der die Durchsicht und Auswahl der Proben besorgt hat, außerdem von dem Leiter der bodenkundlichen Untersuchungen oder dessen Stellvertreter. Das zweite Exemplar mit der Angabe der terminmäßigen Durchführung wird vom Leiter des Laboratoriums unterzeichnet und dem Bodenkundler zugestellt. (Muster der Aufstellung Anlage 4.)

Die Analysen aus einer Aufgrabung sind geschlossen vorzulegen. Jede Analyse ist sorgfältig zu prüfen und zu wiederholen, wenn sie fehlerhaft ist.

Nach Überprüfung sowie nach Korrektur der Analysen sind Aufstellungen der analytischen Befunde anzufertigen (Muster s. Anlagen 5 und 6). Für jede Bodenuntersuchung mit analytischen Angaben wird nach den feldmäßigen Unterlagen und deren Auswertung eine genaue Beschreibung der morphologischen Merkmale gegeben, wobei die Nummer des Grabloches, seine geographische Lage, der geomorphologische Bezirk und Abschnitt, die absolute Höhe und die Beschaffenheit des Reliefs aufzuführen sind.

Nach den Untersuchungsbefunden über die chemische und mechanische Bodenzusammensetzung, über die Morphologie und die physiologischen Eigenschaften ist die endgültige genetische Klassifikation auszuarbeiten, die dem gegenwärtigen Stand der Bodenkunde und den praktischen Anforderungen der sozialistischen Landwirtschaft entspricht. Sie bildet die Antwort auf die vordringlichen Fragen. W. W. DOKUTSCHAJEW wies darauf hin, daß die Klassifizierung der Böden zu den Aufgaben gehört, deren Bedeutung sich aus der engen Verbindung der Bodenkartographie und der landwirtschaftlichen Bewertung ergibt. Grundlegend für die Bildung der Bodentypen sind die Bodenbildungsprozesse, wodurch diese nebst Untertypen und Varietäten mit ihren genetischen Eigenschaften entstehen. In der chemischen und mechanischen Zusammensetzung, in den physikalischen

Eigenschaften und im morphologischen Aufbau sind diese Bildungsprozesse verkörpert.

Bei der Ausarbeitung einer Bodenklassifikation sind alle Bodeneigenschaften zu berücksichtigen, gleichgültig, ob sie einen positiven oder negativen Einfluß auf die Bodenfruchtbarkeit ausüben und sich als ertragsbedingend für eine landwirtschaftliche Nutzung erweisen. Das ist zur Ausarbeitung einer zweckmäßig differenzierten Agrotechnik erforderlich, die ungünstige Wachstumsfaktoren beseitigt und die Ertragsfähigkeit des Bodens steigert.

Man hat nicht nur den gesamten Komplex eines mehr oder weniger einheitlichen Bodens, sondern das Vorhandensein und die Brauchbarkeit eines jeden Merkmals des Bodenkomplexes vom Standpunkt der Bodenfruchtbarkeit zu erfassen. So ist zum Beispiel eine Einteilung versalzter Böden nur nach der Gesamtmenge der wasserlöslichen Salze (wie das zuweilen geschieht) für die Bewertung eines Bodens zur landwirtschaftlichen Nutzung völlig ungenügend. Es ist hinlänglich bekannt, daß die gleiche Menge wasserlöslicher Salze unterschiedlich auf die Pflanzenentwicklung einwirkt und die Erträge beeinflußt. Sind beispielsweise im Boden 0,1% SO_4 vorhanden, entwickelt sich der Weizen normal; bei einem Gehalt von 0,1% Cl ist eine Wachstumsdepression des Weizens zu beobachten, während bei dem gleichen oder niedrigeren Gehalt an CO_3 der Weizen zugrundegeht.

Hieraus ergibt sich, daß die versalzten Böden nicht nach der Menge der wasserlöslichen Salze, sondern nach ihrem Gehalt einzustufen sind.

XV. Ausarbeitung der Karten

A. Die Bodenkarte

Die Ausarbeitung der Bodenkarte stützt sich auf folgende Unterlagen:

1. die feldmäßige Bodenkarte oder den Entwurf;
2. die Bodentypen und morphologische Beschreibung aller Bodenarten, eine Charakteristik der chemischen und mechanischen Zusammensetzung und der physikalischen Eigenschaften;
3. die feldmäßigen Unterlagen über die physisch-geologischen Verhältnisse der Bodenbildung (Geologie, Geomorphologie, Hydrogeologie und Vegetation) und die Gesetzmäßigkeiten bei der Bodenverteilung im Untersuchungsgelände. Auch sind möglichst frühere Arbeiten auf diesem Gebiet heranzuziehen.

   Die endgültige Bodenkarte ist nach der topographischen Karte, der photographischen Luftaufnahme oder der horizontalen Aufnahme, die als Grundlage für die feldmäßigen Arbeiten dienten, auszuführen.

Die Feldkarten sind nach den Eintragungen der Feldtagebücher, den Untersuchungsergebnissen der Bodenproben sowie aller erreichbaren Unterlagen zu überarbeiten.

Es ist zu prüfen, ob an den im Laufe der Feldbegehung eingezeichneten Grablöchern alle Bodenmerkmale einheitlich angegeben sind und ob sie dem Typ und der im Index stehenden Bezeichnung entsprechen. Bodenkundliche und geomorphologische Abgrenzungen sind zu vergleichen, wobei festzustellen ist, ob sie den auf den topographischen Karten und den bei den Bodenuntersuchungen gefundenen Verhältnissen entsprechen. Es empfiehlt sich, hierzu auch die Unterlagen früherer Untersuchungen über Geomorphologie, Geologie, Hydrogeologie und Vegetation heranzuziehen. Fehler sind vor der Übertragung in die endgültige Bodenkarte zu berichtigen.

Bei den Korrekturen ist möglichst rote Tusche zu verwenden und darauf zu achten, daß das Gestrichene noch lesbar bleibt. Die Korrektur wird vom betreffenden Bodenkundler am Rande der Karte abgezeichnet.

Eine Bodenkarte, die als wissenschaftliche Grundlage für den Aufbau der sozialistischen Landwirtschaft dienen soll, muß nicht nur die räumliche Verteilung der Böden, sondern auch die der wichtigsten bodenbildenden Faktoren enthalten.

Wie zur Beurteilung der verschiedenartigen Verbreitung der Pflanzenwelt die Kenntnis des Standortes erforderlich ist, so müssen zum Verständnis einer Bodenveränderung die physisch-geographischen Umweltfaktoren ausreichend bekannt sein, unter denen die bodenbildenden Prozesse vor sich gehen und der Boden zur landwirtschaftlichen Nutzung geeignet ist. Daher sind auf den Bodenkarten außer den Konturen, die die Ausdehnung der Typen, Untertypen und Varietäten bezeichnen, auch die durch die bodenbildenden Faktoren bedingten Erscheinungen abzugrenzen. Sie sind für die Planung und die Durchführung verschiedener Maßnahmen in der Landwirtschaft zur Steigerung der Ertragsfähigkeit von besonderer Bedeutung.

Wichtig ist auch, Entstehung und Eigenschaften des bodenbildenden Gesteins zu kennen. Seine Eigenarten bedingen die Entscheidung zwischen land- oder forstwirtschaftlicher Nutzung. Ihre Kenntnis erleichtert die Auswahl geeigneter Gehölzarten für Windschutzhecken, die vorgesehenen Anpflanzungen in den Senken, die Aufforstungen, die Anlage von Obst- und Beerenplantagen, Gemüsebau u. a.

Bereits oben wurde auf die Bedeutung von Reliefeigenschaften für die landwirtschaftliche Bodennutzung hingewiesen, deren Eigenart bei agrotechnischen Arbeiten (Bewässerung, Erosionsbekämpfung usw.) und bei sachgemäßer Bodenbearbeitung zu beachten ist.

Die Einzeichnung der verschiedenen geomorphologischen Abschnitte in die Bodenkarte gibt die Möglichkeit, die Flächen auszusondern, die nach ihrer Entstehung und nach ihren natürlichen Eigenschaften (Relief, Grundwasserstand, Wasserführung, bodenbildendem sowie Grundgestein) einheitlich sind und deren Bedeutung für die landwirtschaftliche Nutzung bereits geschildert wurde.

Die Bodenkarten mit der Darstellung bodenbildender Faktoren sind auch für die Untersuchung der Böden ein gutes Hilfsmittel. Selbst eine ausführliche Beschreibung dieser Erscheinungen wird eine Bodenkarte nicht ersetzen.

Für Bodenuntersuchungen zur Ausarbeitung einer Bodenkarte ist erste Voraussetzung das Erkennen der bodenbildenden Faktoren, das durch Studium der einschlägigen Literatur und Untersuchung der natürlichen Verhältnisse ermöglicht wird. Bei der Untersuchung der Böden sind immer die physisch-geographischen Verhältnisse zu berücksichtigen. Die Bodendarstellung auf den Karten hat sich nach den natürlichen Erscheinungen zu richten, durch deren Wechselwirkung die Böden gebildet werden und deren zeitlichen wie räumlichen Veränderungen sie unterworfen sind.

Jede natürliche Erscheinung steht in Beziehung zur Umwelt, und jede wird falsch ausgelegt, sobald man sie losgelöst von den Standortverhältnissen betrachtet. Umgekehrt wird jeder natürliche Vorgang im Zusammenhang verständlich.

Damit die Landwirtschaft die natürlichen Bodeneigenschaften voll ausnutzen kann, sind die Befunde der wissenschaftlichen Bodenuntersuchungen nach folgenden Punkten auf der Bodenkarte zu vermerken:

1. kartographische Belange;
2. hydrologische Erscheinungen;
3. mechanische Struktur und Kulturzustand;
4. bodenbildendes und Grundgestein;
5. geomorphologische Gebiete, Bezirke und Abschnitte;
6. Grundwasserstand;
7. Reliefbildungen durch Höhenlinien;
8. Ortslagen und Siedlungen;
9. Straßen und Wege;
10. administrative Grenzen;
11. örtliche Bezeichnungen (Geländeerhebungen, Wasserläufe);
12. Kartenmaßstab, Erläuterung von Zeichen usw.

Wird die Bodenkarte nicht nach der topographischen Aufnahme, sondern nach einem Landvermessungsplan (mit horizontaler Aufnahme) ausgearbeitet, so sind ebene und geneigte Flächen hervorzuheben, damit die Reliefgestaltung richtig erkannt wird. Die zunächst mit Bleistift eingetragenen Konturen werden nach Besprechung mit dem verantwortlichen Leiter der Bodenuntersuchungen mit Tusche ausgeführt, und zwar die Bezeichnungen mit schwarzer, die geomorphologischen Abgrenzungen mit roter Tusche.

Die von einem Bodenkundler geschaffene Bodenkarte ist als abgeschlossene Arbeit zu betrachten. Sie wird vom Leiter der bodenkundlichen Untersuchungen geprüft und unterzeichnet. Von einem Zeichner ist die Karte zu kopieren und nach Anweisung des Bodenkundlers zu beschriften. Die Erklärungen der Abkürzungen und Zeichen werden vom Bodenkundler zusammengestellt und mit einer entsprechenden Legende dem Zeichner übergeben. Aus einer solchen Bodenkarte mit den dazugehörigen Erläuterungen können noch weitere landwirtschaftlich-bodenkundliche Karten für spezielle Zwecke entwickelt werden, je nach der Eigenart der Böden, der Produktionsrichtung des Betriebes und den gestellten Planaufgaben. Auf diesen Karten sind die Besonderheiten für agrotechnische und meliorative Maßnahmen stärker hervorzuheben. Hierzu rechnen Entwürfe zur Bewässerung, Aufforstung, Erosionsbekämpfung, Aufstellung von Düngerplänen u. a.

B. Karte der Bodennutzung

Diese Karte ist nicht nach der gegenwärtigen landwirtschaftlichen Nutzung auszuführen, sondern sie hat vor allem die Eigenheiten der Böden auszuweisen. Auf dieser Grundlage sollen die im Wirtschaftsplan des Betriebes vorgesehenen Verbesserungen in Angriff genommen werden. Sie soll dem Betriebsleiter Handhaben geben, die landwirtschaftlichen Flächen entsprechend dem gegenwärtigen Stand der Agrotechnik zweckmäßig nach dem Bodencharakter und den geomorphologischen Verhältnissen einzuteilen.

Auf einer Karte der Bodennutzung sind die landwirtschaftlichen Flächen nach ihren genetischen Eigenschaften und nach ihrer Eignung für die eine oder andere Nutzungsart zusammenzufassen (Ackerland, Wiese oder Weide). Die als Ackerland bestimmten Böden sind nach ihrem Ertragswert in zwei bis drei Stufen einzuteilen.

Die in die Karte eingetragene Einteilung soll als Anhalt dienen, welche Böden sich besser als Acker- oder als Grünland eignen; sie braucht nicht vom Betriebsleiter unbesehen übernommen zu werden. Ist zum Beispiel eine Erweiterung des auf der Karte verzeichneten Ackerlandes erforderlich, so werden die besten Wiesen- und Weidenböden umgebrochen.

Auf der Meliorationskarte werden die Flächen dargestellt, auf denen Verbesserungen erfolgreich durchgeführt werden können. Sie stützt sich auf die Bodenkarte mit den bodenbildenden Faktoren (bodenbildendem und Grundgestein, Geomorphologie, Relief, Grundwasserstand und Grad der Versalzung). Auf der Meliorationskarte sind alle bodenkundlichen Merkmale nach ihren meliorativen Eigenschaften zu charakterisieren. Die meliorativen Maßnahmen zur Beseitigung ungünstiger Wachstumsverhältnisse und die durch eine Bewässerung gegebenenfalls auftretenden Mängel sind zu schildern. Die Erläuterungen sollen folgende Punkte umfassen:

1. Bodengestaltung:
   a) geomorphologische Verhältnisse, Reliefbildungen;
   b) mechanische Zusammensetzung des Untergrundes, wasserphysikalische Eigenschaften, Versalzungsgrad;
   c) Grundwasserstand, Salzgehalt des Grundwassers, Geschwindigkeit des Absinkens.

2. Meliorative Bodeneigenschaften:
   a) mechanische Zusammensetzung und wasserphysikalische Eigenschaften des Bodens;
   b) gegenwärtiger Kulturzustand, Grad der Versalzung und Solonezartigkeit.

3. Voraussichtliche Änderung der bodenbildenden Prozesse und der Grundwasserführung durch die vorgesehene Bewässerung:
   a) Umsetzung und Anreicherung mit wasserlöslichen Salzen;
   b) Möglichkeiten für das Ansteigen des Grundwassers, Bildung von Oberwasser und Versumpfung;

c) Gefahr einer Bodenversalzung beim Ansteigen des Grundwassers, bei der Bildung von Oberwasser, ohne Ansteigen des Grundwassers sowie bei Bewässerung mit salzhaltigem Wasser;
d) Veränderung der sorbierten Basen und Beginn des Solonezprozesses.

Danach werden System und Umfang der meliorativen Maßnahmen bestimmt. Hierzu gehören: eine Trawapolnaja-Fruchtfolge mit einem Leguminosengrasgemisch, die Anpflanzung von Windschutzstreifen an den Gräben, die Bepflanzung der Wegränder, Gipsen, Durchwaschen, Dränage, Planierung u. a.

Die nach meliorativen Eigenschaften einheitlichen Böden werden zu bodenkundlich-meliorativen Bezirken zusammengefaßt und in entsprechenden Farbtönen wiedergegeben. Auf der Karte werden gekennzeichnet:

1. bodenkundlich-meliorative Bezirke durch Farbtöne;
2. Bodentypen und bodenbildende Faktoren durch Umrisse und Symbole.

XVI. Ausführung der Karten

Die Bodenkarten werden auf Watmanspapier gezeichnet, das auf Leinwand aufgezogen ist.

Vorher sind die Signaturen und Symbole zu bestimmen. Zur Zeit liegen noch keine Normen vor. Man verwendet die gebräuchlichen Bezeichnungen und ergänzt sie nach Bedarf.

Signaturen und Symbole sollen deutlich und leicht lesbar, nach Farbe und Form zu unterscheiden und auch leicht nachzuzeichnen sein. Sie sind so zu wählen, daß die wichtigen Angaben auf der Karte, wie Bodentypen, genetische Übereinstimmungen und Unterschiede der Böden klar hervortreten.

Als Anhaltspunkt für die Auswahl können die Farben der Bodenhorizonte oder deren Oberfläche dienen. Man soll aber nicht versuchen, die Farbe des zu kartierenden Bodens genau wiederzugeben, da sich genetisch verwandte Böden in der Färbung nur wenig voneinander unterscheiden. Dunkle Böden sind in einem dunklen Ton, die Böden der südlichen Bezirke (südlich der Schwarzerdeböden) in einer „warmen“ Farbtönung, die der nördlichen Bezirke in „kaltem“ Farbton auszuführen.

Schwarzerdeböden werden stets dunkel ausgeführt, fruchtbarer Tschernosjom grau-schwarz, gewöhnlicher Tschernosjom dunkelgrau und die südlichen braungrau. Für kastanienfarbige Böden ist eine braune Färbung mit zimtfarbener Schattierung zu wählen. Für dunkelkastanienfarbige Böden wird eine grau-braune und für hellkastanienfarbige eine hellbraune Farbe empfohlen. Braune Böden und Grauerden werden orangefarbig, Solonez lila, Podsolböden rosa, versumpfte grün oder blau wiedergegeben.

Ein genaues Verzeichnis von Farbtönen für alle Böden der Sowjetunion läßt sich nicht aufstellen. Jeder Bearbeiter einer Karte sollte sich nach obigen Hinweisen richten und die für seinen Arbeitsbereich zweckmäßigsten Farben wählen. Die Farben müssen auf der Karte harmonisch gegeneinander abgestimmt werden

Bei der Aufstellung einer Legende ist folgendes zu beachten:

1. Genetische Unterteilungen (Typen, Subtypen, Varietäten u. a.) werden durch die gebräuchlichen Farben und Zeichen mit laufenden Nummern dargestellt. Für ihrer Entstehung nach verwandte Böden wird ein Zahlenindex mit einer zusätzlichen Bezeichnung benutzt. Erhalten zum Beispiel hellkastanienfarbige Böden die Zahl 9, so werden die hellkastanienfarbigen Böden mittlerer Mächtigkeit mit dem Index 9_I und die flachgründigen hellkastanienfarbigen mit dem Index 9_{II} versehen usw.

   Solonezartigkeit, Solontschakartigkeit, Versumpfung, Erosion und sonstige Erscheinungen, die bei mehreren Bodentypen vorkommen, werden mit kleinen Zeichen in entsprechender Farbe gekennzeichnet. (Anlage 7)

2. Die mechanische Zusammensetzung wird durch schwarze Schraffur mit feinen Strichen im Abstand von 2 mm angedeutet. Die horizontale und vertikale Schraffur wird parallel zum Rahmen, die schräge unter einem Winkel von 45° zum Rahmen des Kartenblattes eingezeichnet (Anlage 8).

3. Die Bodenkomplexe sind in der Farbe des vorherrschenden Bodentyps darzustellen, der prozentuale Gehalt an sonstigen Komplexteilen, die eine geringe Fläche einnehmen, durch verschiedene Signaturen, in der Farbe der entsprechenden Böden zu veranschaulichen (Anlage 9).

Jeder farblich dargestellte Bodentyp ist mit einer feinen schwarzen Linie zu umgrenzen; mit schwarzer Tusche ist der Bodenindex einzutragen (in einer Größe von 2 mm). Ist die Fläche umfangreich oder sehr langgestreckt, wird der Index mehrmals eingesetzt.

Bei der Bezeichnung von Bodenkomplexen ist der Index ein Bruch. Im Zähler steht der vorherrschende Bodenkomplex, im Nenner die geringere Bodenfläche. So wird z.B. ein Komplex, der zu 60% aus flachgründigen hellkastanienfarbigen Böden, zu 25% aus verkrustetem Solonez mit Säulenstruktur und zu 15% aus dunkelfarbigen Niederungböden besteht, folgenden Index erhalten:

$$\frac{9_{II} - 60,}{11_I - 25 \text{ und } 14_{VII} - 15}$$

wobei 9_{II} hellkastanienfarbige flachgründige Böden zu 60%,
11_I verkrusteten säulenartigen Solonez zu 25%,
14_{VII} dunkelfarbige Böden des Niederungstyps, dunkelkastanienfarbige Böden zu 15%

bedeuten.

Falls der Bodenkomplex klein ist, die Signatur aber aus mehreren Zahlen besteht und ihre Eintragung daher schwierig ist, wird diese Fläche mit der laufenden Nummer der Legende versehen und in der Legende erläutert.

Böden unterschiedlichen Kulturzustandes sind mit punktierten schwarzen Linien abzugrenzen und mit dem jeweiligen Index zu versehen. Zur Darstellung jungfräulicher Böden sind die Signaturen der topographischen Karte zu verwenden (so werden Forstböden mit schwarzen Kreisen, unter natürlicher Vegetation mit zwei Punkten und unter Wiesenvegetation mit zwei Strichen bezeichnet).

Eine durch Weidegang veränderte Steppenvegetation jungfräulicher Böden bezeichnet man mit zwei durch einen kurzen vertikalen Strich getrennte Punkte (.|.). Brachland erhält den Buchstaben „*B*".

Sofern Angaben über die Vegetation möglich sind, werden die obigen Zeichen durch den ersten Buchstaben des Namens der Leitpflanze oder zweier Pflanzen ergänzt. Für Brachland mit Quecke werden die Buchstaben „*Bqu*" gewählt. Eine aus *Stipa*-Pfriemengras (Reihergras) und *Festuca* (Tiptschak) bestehende Steppenvegetation wird durch die Buchstaben „*Rt*" gekennzeichnet. Fallen die Begrenzungen einer unterschiedlichen Pflanzendecke mit den Konturen der Böden zusammen, wird das auf der Karte durch eine grün punktierte Linie zum Ausdruck gebracht. Durch verschiedene Einflüsse deutlich veränderte Böden werden mit Buchstaben-Indices kenntlich gemacht (durch Bewässerung veränderte Böden mit „*Or*", durch Trockenlegung umgebildete durch „*Os*", stark gedüngte Böden mit „*Un*", gegipste Böden mit „*Gp*", Plantagen mit „*Pl*" usw.) und erodierte Böden durch besondere Umrahmung hervorgehoben.

Auf den Bodenkarten sind die geomorphologischen Konturen durch eine 0,6 mm starke rote Linie wiederzugeben. In jede geomorphologische Fläche ist der Index drei- oder mehrfach mit roter Tusche einzuzeichnen (Schrifthöhe 3 mm). Feststehende Namen und Indices für die auf der Bodenkarte zu verzeichnenden Grundbegriffe der Geomorphologie gibt es noch nicht. Bei der Bearbeitung der Bodenkarten für das Transwolgagebiet wurden zum Beispiel zur Bezeichnung der Flußtäler folgende Indices verwandt:

Aueterrasse.......................... Tp
erste unter der Aue liegende Terrasse (Wjurmsker) T_1W
zweite über der Aue liegende Terrasse (Rissker) T_2R usw.

Die Tabelle enthält einen Index für die kurze Beschreibung des Gesteins, das die Terrasse bildet, und für den Grundwasserstand. Die Hänge einer Wasserscheide werden mit *S*, das Plateau mit *P* und die Höhenzüge mit *O* bezeichnet. Die Buchstabenindices der geomorphologischen Abschnitte sind durch Zahlen zu ergänzen, die die Entstehung und mechanische Zusammensetzung des bodenbildenden und des Grundgesteins erläutern. (So wurde der durch Paläogen-Ablagerungen gebildete Hang einer Wasserscheide mit *C*3 bezeichnet, wobei *C* den Hang und 3 die Paläogen-Ablagerung bedeutet. Ein Plateau, das durch nachtertiäre Syrtablagerungen entstanden war, wurde mit P_1 benannt, wobei *P* das Plateau und 1 die nachtertiäre Syrtablagerung ausdrückt.)

Liegen vollständige und einheitliche geomorphologische sowie hydrogeologische Angaben für jede Fläche des Untersuchungsgeländes vor (innerhalb der Terrassen der Flußtäler und auf den Wasserscheiden), so sind Indices gleichen Inhalts zu verwenden.

Beispiel: $\frac{P_1}{50 - 60}$, wobei der Zähler die geomorphologische Einheit (P = Plateau) und das bodenbildende Gestein (1 = nachtertiärer Syrton) der Nenner den Grundwasserstand in Metern (50—60) angibt, oder $\frac{Typ\,7}{4-6}$, wobei im Zähler der geomorphologische Ursprung (*Typ* = Auenterrasse) und das bodenbildende Gestein (7 = alluvialer leicht lehmiger bis anlehmiger Sand), im Nenner der Grundwasserstand in Metern (4—6) ausgedrückt wird. Die im Nenner stehenden Zahlen für den Grundwasserstand sind mit blauer, die übrigen Angaben im Zähler mit roter Tusche einzuzeichnen.

Fallen die geomorphologischen Konturen mit den Horizontalen zusammen, sind sie 0,4 mm darüber (über dem Hang) anzulegen. Liegen die die Bodenkonturen abgrenzenden Linien mit den geomorphologischen oder mit den Horizontalen gleich, so sind die ersten als feine schwarze Linie längs der roten Linie (Abgrenzung der geomorphologischen Abschnitte bzw. der Horizontalen) zu ziehen.

Die Horizontalen und die ihren Verlauf erläuternden Bezeichnungen werden zweckmäßig mit brauner Farbe (Sienna oder Sepia) wiedergegeben.

Sollen verschiedenartige Flächen veranschaulicht werden, sind bei kleinen Bodenflächen für jeden Bodentyp die entsprechenden Bezeichnungen mit den Zahlen-Indices ohne besondere Zusätze zu verwenden. So kann die landwirtschaftlich genutzte Fläche neben tonigem südlichen Tschernosjom auch noch stark ausgewaschenen tonigen, mittelsolonezartigen südlichen Tschernosjom aufweisen. In einem solchen Fall sind durch entsprechende Bezeichnungen alle vorkommenden Varietäten des südlichen Tschernosjom anzugeben. Alle Böden erhalten die für den südlichen Tschernosjom festgelegte Farbe. Für die Bezeichnung des mittelsolonezhaltigen Tschernosjom wird die Farbtönung durch Zeichen ergänzt, beim stark ausgewaschenen südlichen Tschernosjom sind zusätzliche Bezeichnungen für die starke Erosion einzusetzen.

Auf Bodenkarten mit großen Flächen wird eine derartige Bezeichnung aller Abarten durch besondere Indices infolge der Vielzahl schwierig.

Für gewöhnlichen tonigen Tschernosjom mittlerer und geringerer Mächtigkeit sowie südlichen tonigen Tschernosjom mittlerer und geringerer Mächtigkeit werden vier Farben mit Indices benötigt. Erscheinen jedoch auf der gleichen Karte außerdem mittelausgewaschene, stark ausgewaschene, mittel- und stark solonezhaltige Böden, dann werden nicht nur vier Zeichen, sondern zwanzig gebraucht. Deshalb sollten auf Bodenkarten mit großen Flächen nur Farben und Indices, die merkliche genetische Unterschiede hervorheben, verwendet werden und Signaturen in entsprechender Farbtönung für Erscheinungen wie Solonezhaltigkeit, Auswaschung, Versumpfung usw. Bei diesem Verfahren sind für alle vorgenannten Varietäten des gewöhnlichen und südlichen Tschernosjom vier Farben mit Indices sowie vier Signaturen ohne Indices (für die mittelsolonezhaltigen, die stark solonezhaltigen, für die mittelerodierten, die stark erodierten), also nur acht Bezeichnungen an Stelle von zwanzig notwendig. Da auch mechanische Zusammensetzung und sonstige Bodeneigenschaften kenntlich zu machen sind, wird die Zahl der Signaturen noch größer (Anlage 10 und 11).

Die Karten mit den Kulturarten, die bodenkundlich-meliorativen Karten u. a. werden, wie bereits erwähnt, nach der Bodenkarte, die Bodenkarte nach der topographischen Karte ausgearbeitet. Auf der endgültigen Bodenkarte sind außer den Bodentypen (durch Farben) alle für die Bodenbildung maßgeblichen Erscheinungen einzutragen (Abgrenzung bodenkundlicher und geomorphologischer Flächen, Indices, Symbole und Zahlen, zur Bezeichnung des bodenbildenden und des Grundgesteins, des Grundwasserstandes, des Kulturzustandes u. a.). Auf der Karte der Bodentypen sind die landwirtschaftlich genutzten Flächen (Karte der Kulturarten) oder die Grenzen der bodenkundlich meliorativen Bezirke (bodenkundlich-meliorative Karte) wiederzugeben.

Es empfiehlt sich auf der erstgenannten Karte die landwirtschaftlich genutzten Flächen in einer Farbe auszuführen, die bei der Bearbeitung der Wirtschaftskarten für die Kollektivwirtschaften angewandt wurde. Hierbei erhalten Ackerland eine braune Farbe, Wiesen eine grüne, Weiden eine graue u. a. (Ausführungsbestimmungen für die farbige Wiedergabe auf Karten, die den landwirtschaftlichen Kollektivwirtschaften zur Bodennutzung im Jahre 1939 übergeben wurden). Die unterschiedliche Bodengüte einer landwirtschaftlich genutzten Fläche wird durch die gleiche Farbe, aber in verschiedener Schattierung zum Ausdruck gebracht. So werden die besten Ackerböden dunkelbraun, mittlere braun und geringe hellbraun angelegt.

Feststehende Bezeichnungen sind aus Anlage 12 zu ersehen. Links werden die bunten Signaturen und Indices für die landwirtschaftlichen Flächen und für die Böden eingesetzt, rechts daneben wird die Flächengröße in Hektar angegeben.

Auf einer bodenkundlich-meliorativen Karte werden alle Flächen, die einen bodenkundlich-meliorativ einheitlichen Bezirk darstellen, in der gleichen Farbe ausgeführt; Unterbezirke werden durch verschiedene Farbtöne dargestellt.

Durch feststehende Bezeichnungen wird auf einer bodenkundlich-meliorativen Karte folgendes ausgedrückt:

1. Nummern der bodenkundlich-meliorativen Bezirke und Unterbezirke sowie die Farben für jeden Bezirk oder Unterbezirk;
2. Bodentypen jedes Bezirks oder Unterbezirks;
3. geomorphologische Verhältnisse jedes Bodens;
4. bodenbildendes und Grundgestein eines jeden Bodentyps in einer Tiefe von 1 bis 2 m und unter 2 m;
5. Versalzungsgrad des Bodenprofils;
6. Grundwasserstand, Versalzung des Grundwassers;
7. ausschlaggebende Tiefe der Durchfeuchtung;
8. meliorative Maßnahmen für jeden Unterbezirk (Anlage 13).

In dieser Art werden die Karten für das südliche Transwolgagebiet bearbeitet. Einige Wissenschaftler zeichnen nur die Böden ein und zählen die meliorativen sowie agrotechnischen Maßnahmen auf. Aber die Besonderheiten der Bodentypen und der bodenbildenden Faktoren, die die Grundlage für die vorgesehenen Meliorationen bilden, fehlen.

Professor KATSCHINSKI gibt für die Niederungsgebiete von Bogas in Aserbaidshan zu jeder bodenkundlichen Einheit an: zeitlichen Ablauf der Maßnahmen, Umfang der Meliorationen (Durchwaschen, Drainage, Gipsen u. a.), Beregnungsnorm, Art der Bewässerung, Kulturen, Düngung und Wirtschaftstyp. Die Bedeutung der Signaturen richtet sich nach dem Zweck der Meliorationskarte. In einigen Fällen werden zuerst die Signaturen und dadurch übersichtliche kartographische Unterlagen (für Ingenieure und Agronomen) ausgearbeitet. Erst dann werden mit deren Hilfe die Einzelheiten des Bewässerungsprojektes (Bewässerungsart, Bewässerungsnormen u. a.) und der agro-meliorativen Maßnahmen festgelegt. In anderen Fällen werden zuerst alle technischen, ackerbaulichen und meliorativen Fragen geklärt und die Karte angefertigt, nachdem die Ergebnisse aller Projektierungsarbeiten vorliegen.

XVII. Untersuchungsbericht

A. Allgemeiner Teil

1. Geographische und administrative Lage des untersuchten Geländes (Gebiet, Kreis, MTS);
2. die untersuchte Fläche in Hektar.

B. Organisation und Durchführung der Arbeiten

1. Zusammensetzung der bodenkundlichen Abteilung und Dauer der feldmäßigen Arbeiten;
2. Maßstab der kartographischen Unterlagen, nach denen die Böden untersucht wurden;
3. Zahl der Arbeitstage von Technikern, Spezialarbeitern und Hilfskräften;
4. Anzahl und Tiefe der beschriebenen Bodenaufgrabungen;
5. Zahl der Bodenproben;
6. Arbeitszeit für die feldmäßige Tätigkeit;
7. Anzahl der zur Auswertung benötigten Tage;
8. Umfang und Methode der analytischen Arbeiten;
9. Kurzer Abriß über früher durchgeführte bodenkundliche und geobotanische Untersuchungen.

C. Physikalisch-geographische Voraussetzung der Bodenbildung

1. Klima:
   a) Durchschnittliche Monats- und Tagesniederschläge;
   b) Maximum und Minimum der monatlichen und jährlichen Niederschläge;
   c) Maximum der täglichen Niederschläge;
   d) Höhe der Schneedecke nach Dekaden oder Monaten;
   e) Dauer der Schneebedeckung und Zeitpunkt der Schneeschmelze;
   f) monatliche und jährliche Durchschnittstemperatur;
   g) monatliche durchschnittliche relative Luftfeuchtigkeit;

h) absolutes Maximum und Minimum der Lufttemperatur;
i) erster und letzter Frost sowie Zahl der frostfreien Tage;
k) mittlere Monats- und Jahrestemperatur des Bodens.

2. Geologie und Geomorphologie:
a) Einteilung des Untersuchungsgeländes in geomorphologische Bezirke sowie Abschnitte;
b) allgemeine Angaben über den geologischen Aufbau und Beschreibung des bodenbildenden sowie des Grundgesteins eines jeden geomorphologischen Bezirks und Abschnitts;
Grundgestein, Formation und Oberflächenbildung,
Ablagerungen und Anschwemmungen;
Quartärablagerungen, alluviale und diluviale Bildungen;
c) Oberflächenformen des Plateaus der Wasserscheiden, der Hänge, der Auenterrassen und der darüberliegenden Terrassen (Makro-, Meso-, Mikrorelief); absolute Höhen der geomorphologischen Abschnitte und die Überhöhungen der höchsten Punkte der Wasserscheiden über der Erosionsbasis;
Hangneigungen;
d) Erosionserscheinungen (Bodenabtragung, Bildung von Senken, Verwehung von Sand u. a.);
Zergliederung der geomorphologischen Abschnitte durch Gräben, Rinnen und Senken;
e) Grundwasserstand;
f) Charakteristik des Reliefs in Verbindung mit dem Einsatz von landwirtschaftlichen Maschinen (Traktoren, Mähdreschern u. a.);

3. Hydrographie:
Gewässer;
Beschreibung von Flüssen, Seen, Teichen, Kanälen und sonstigen natürlichen sowie künstlichen Gewässern;
sommerliches Versiegen der Quellen;
Überschwemmungen, Zeit und Ursachen (Frühjahrshochwasser, Schneeschmelze im Gebirge u. a.);

4. Vegetation:
Gesamtcharakteristik der natürlichen Pflanzenwelt im Untersuchungsgelände.

D. Böden

1. Genetische Klassifikation der Böden;
2. Einfluß der physisch-geographischen Faktoren und der menschlichen Tätigkeit auf Bodenbildung und Bodenverteilung;

Beilage: Profile des Reliefs, des bodenbildenden und des Grundgesteins, Erläuterung der natürlichen Vegetation, Angaben über Erosion und Grundwasserstand.

3. Beschreibung der Bodenarten:
   a) Lagerungsverhältnisse:
      α) Geomorphologie;
      β) bodenbildendes und Grundgestein;
      γ) Grundwasser;
      δ) natürliche Vegetation;
      ε) Erosion;
   b) Morphologie:
   c) Chemische Zusammensetzung:

   Beilage: analytische Unterlagen (Formblatt s. Anlage 5).

   d) Physikalische Eigenschaften:
      α) mechanische Zusammensetzung;
      β) Mikroaggregatstruktur u. a.;

   Beilage: analytische Tabellen (Formblatt s. Anlage 6).

   Die analytischen Angaben sind nicht nur als Tabellen, sondern auch als graphische Darstellungen in Kurven, Säulen u. a. beizufügen (s. Abb. 1 bis 6).

   e) Leistungsfähigkeit der Böden in Verbindung mit ihren Lagerungsverhältnissen, der chemischen und mechanischen Zusammensetzung, den physikalischen Eigenschaften und den klimatischen Bedingungen;
   die gegenwärtige und die nach den natürlichen Bodeneigenschaften gegebene Nutzung.

4. Bodeneinteilung nach der Nutzbarkeit (Ackerland, Grünland usw.) unter Berücksichtigung der Beackerungsfähigkeit.

   Die Böden jeder Nutzbarkeitsgruppe (landwirtschaftliche Nutzfläche) können in beste, mittlere und geringe oder in Böden erster, zweiter und dritter Ordnung eingeteilt werden. Die Böden werden nach ihrer gegenwärtigen Ertragsfähigkeit in Klassen eingeteilt. Hierzu gehören: prozentualer Humusanteil und Mächtigkeit der Humusschicht, Struktur, mechanische Zusammensetzung der Bodenhorizonte, absorbierte Basen, aufnehmbarer Stickstoff, Phosphorsäure und Kali, Vorkommen und Lage der den Kulturpflanzen schädlichen Salze, Solonezartigkeit der Böden, Säuregehalt, Podsolierung, Versumpfung, Bodenerosion u. a. Zu einer Klasse werden die Böden zusammengefaßt, die hinsichtlich ihrer Bearbeitung einheitlich sind und für die die gleichen agrotechnischen Maßnahmen zutreffen.

5. Die Bearbeitungsschwere der Böden jeder Gruppe.

   Zusammenfassung der agrotechnischen und meliorativen Maßnahmen zur Ertragssteigerung, getrennt nach Bodenklassen.

   Die Pläne zur Durchführung meliorativer Maßnahmen zur Steigerung der Ertragsfähigkeit werden unter Berücksichtigung der örtlichen agrotechnischen Gegebenheiten ausgearbeitet und mit den Fachkräften der landwirtschaftlichen Gebietsverwaltung diskutiert.

Der Bericht über die bodenkundlich meliorativen Untersuchungen soll aus zwei Teilen bestehen. Im ersten Teil werden Geologie, Hydrogeologie und Geomorphologie genau beschrieben, wozu Karten, graphische Darstellungen, analytische Angaben u. a. auszuarbeiten sind. Im zweiten Teil werden die physikalisch-geologischen Vorgänge der Bodenbildung und die meliorativen Eigenschaften jeder Bodenart des Untersuchungsgeländes geschildert. Dieser Teil des Berichts wird nach Muster . . . mit folgenden Abänderungen und Zusätzen abgefaßt:

Im Abschnitt „Die physisch-geographischen Verhältnisse der Bodenbildung“ sind zur allgemeinen Charakteristik der Geologie außer dem Grundwasserstand

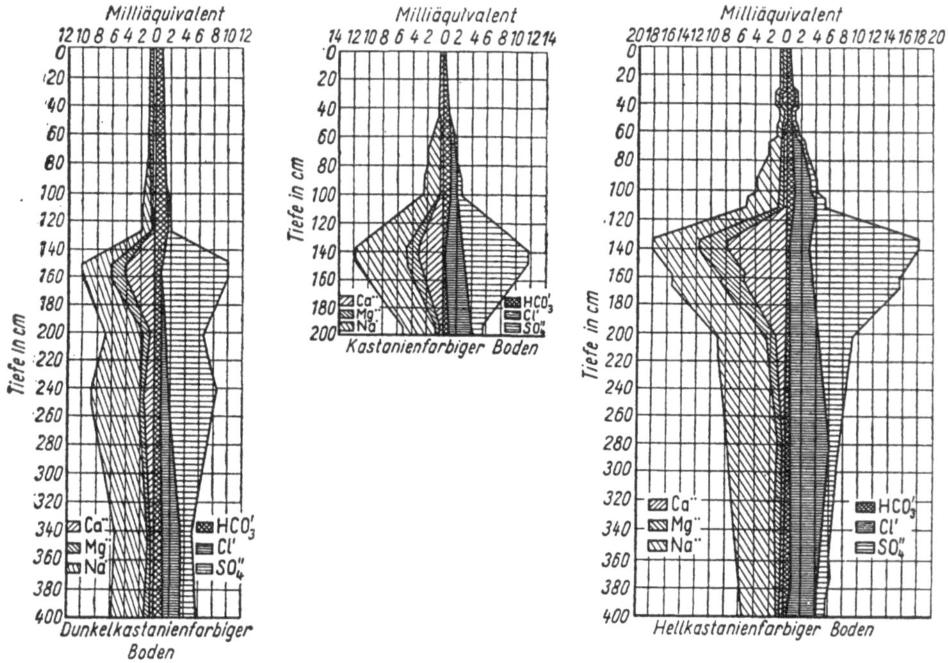

Abb. 1. Gehalt an wasserlöslichen Salzen in kastanienfarbigen Tonböden mittlerer Mächtigkeit im südlichen Transwolgagebiet.

auch noch die chemische Zusammensetzung des Grundwassers, seine Herkunft sowie Richtung und Dauer des Absinkens nach den Untersuchungsergebnissen der hydrologischen Abteilung anzuführen.

Im Abschnitt „Böden“ wird der Punkt D wie folgt geändert:

D) Agromeliorative Bodencharakteristik:

1. Verlauf und Ausmaß der bodenbildenden Prozesse bei Veränderung des Grundwasserspiegels durch Bewässerung;
   Umsetzung und Anreicherung mit wasserlöslichen Salzen;

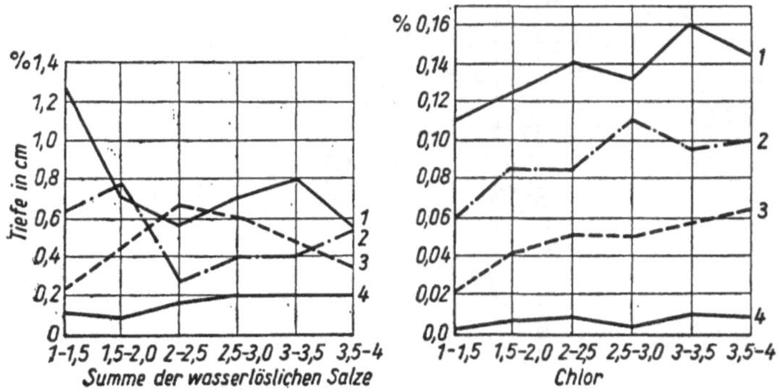

Abb. 2. Wasserlösliche Salze in den Syrttonen, die unter den Böden des Transwolgagebietes liegen.

1 — Im Bezirk der Verbreitung hellkastanienfarbiger Böden
2 — Im Bezirk der Verbreitung kastanienfarbiger Böden
3 — Im Bezirk der Verbreitung dunkelkastanienfarbiger Böden
4 — Im Bezirk der Verbreitung des gewöhnlichen Tschernosjoms

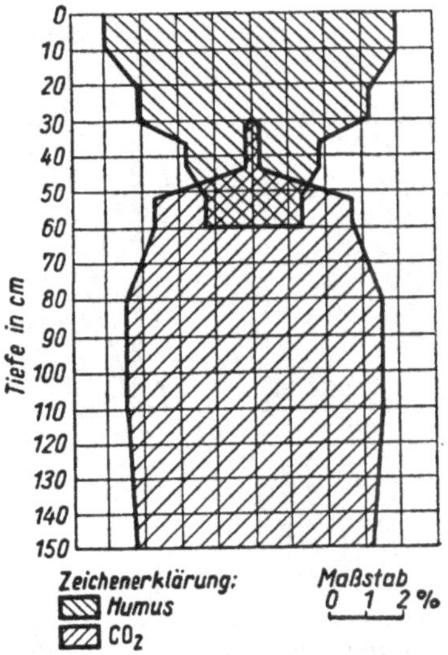

Abb. 3. Humusgehalt und CO_2 in gewöhnlichem tonigen Tschernosjom mittlerer Mächtigkeit, Syrtablagerungen.

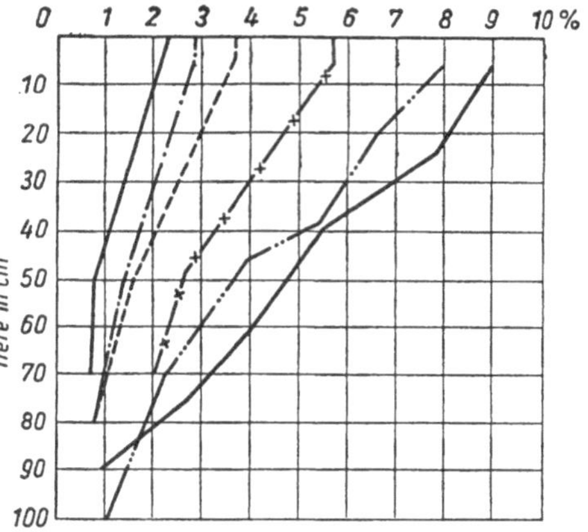

Abb. 4. Prozentualer Humusgehalt der Böden des Transwolgagebietes.

Gewöhnlicher Tschernosjom tiefgründig
Gewöhnlicher Tschernosjom mittelgründig
Südlicher Tschernosjom mittelgründig
Dunkelkastanienfarbiger Boden mittelgründig
Kastanienfarbiger Boden mittelgründig
Hellkastanienfarbiger Boden mittelgründig

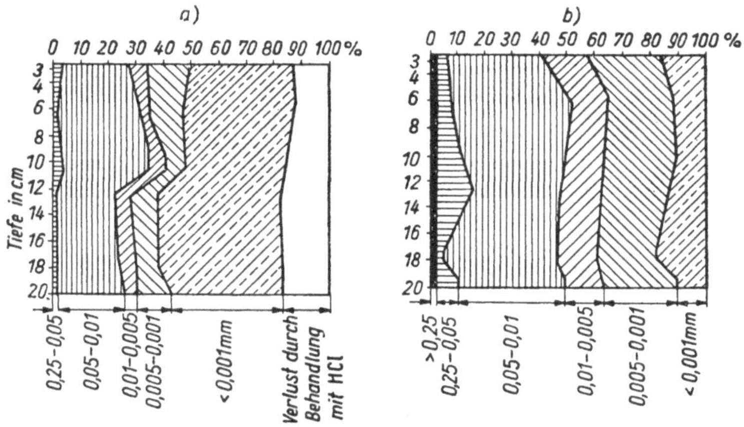

Abb. 5. Mechanische Zusammensetzung der Syrtablagerungen. Plateau der Wasserscheide zwischen dem Fluß Maly Usen und den Nowotulsker und Lasutkinsker Schluchten (Bohrung Nr. ... absolute Höhe 77,32 m); a) mechanische Analyse nach der Pipettemethode durch Behandlung mit HCl und Dispergieren mit NaOH; b) mechanische Analyse nach der Pipettemethode bei zweistündigem Kochen.

die Gefahr der Versalzung für die Pflanzenwurzeln ohne Ansteigen des Grundwassers, bei Bildung von Oberwasser und beim Ansteigen des Grundwassers; mögliche Veränderung sorbierter Basen und Entwicklung des Solonezprozesses; Schwankungen des Grundwasserstandes und Bildung einer Versumpfung;

2. chemische Bodenverbesserungen (Gipsen, Kalken u. a.);
3. hydrotechnische Meliorationen (Durchwaschen, Dränage u. a.);
4. Auswirkung einer Planierung auf die Ertragsfähigkeit.

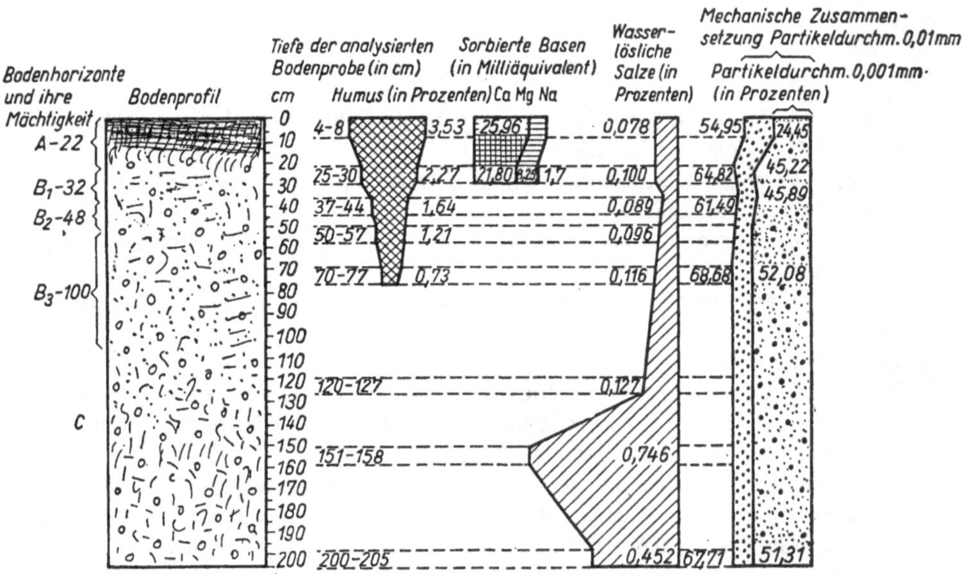

Abb. 6. Dunkelkastanienfarbiger Boden mittlerer Mächtigkeit auf Syrtablagerungen.

E. Bodenkundlich-meliorative Aufgliederung

1. Beschaffenheit des Untergrundes, der Geomorphologie, des Reliefs und des Grundwassers;
2. Aufstellung von meliorativen Bodengruppen für das Untersuchungsgelände;
3. Kennziffern der meliorativen Gruppen;
4. Maßnahmen zur Beseitigung ungünstiger Wachstumsbedingungen für die Kulturpflanzen;
5. Beschreibung der auf der Karte gekennzeichneten meliorativen bodenkundlichen Bezirke und Unterbezirke:
   a) geomorphologischer Bezirk und Abschnitt;
   b) Relief, Zustand der Dränage;
   c) Untergrund (mechanische Zusammensetzung, physikalische Eigenschaften, Art und Grad der Versalzung);

d) Grundwasser (Stand, chemische Zusammensetzung, Zeitpunkt und Dauer des Absinkens, Strömung und Möglichkeit des Ansteigens bei Bewässerung);
e) Böden (mechanischer Aufbau, physikalische Eigenschaften, Versalzung, Solonezartigkeit);
f) meliorative Maßnahmen;
g) Agrotechnik zur Steigerung der Bodenfruchtbarkeit.

Die Erläuterung der Kulturartenkarte (Nutzbarkeitskarte) wird in einer kurzen, auch für den Nichtfachmann verständlichen Form nach folgendem Muster abgefaßt:

F. Allgemeiner Teil

1. Geographische und administrative Lage der Kollektivwirtschaft oder Sowchose (Ort, MTS, Kreis und Bezirk);
   Zeitpunkt der Bodenuntersuchungen. Der angewandte Maßstab und das benutzte Kartenmaterial;
   Zusammensetzung der bodenkundlichen Abteilung, die die Untersuchungen durchführte;
2. Kurze Beschreibung des Reliefs, der Hydrogeographie und des bodenbildenden Gesteins;
3. Beschreibung der Böden:
   a) Die bei den Bodenuntersuchungen festgestellten Bodentypen, ihre Verteilung im Gelände in Verbindung mit dem Relief, der Hydrogeographie und dem bodenbildenden Gestein;
   b) Kurze Beschreibung der Bodenmorphologie, des chemischen und mechanischen Bodenaufbaus unter Beifügung analytischer Angaben; Beackerungsfähigkeit, Lagerungsverhältnisse, Wasserführung und Klima;
   c) Klasseneinteilung der Böden nach ihrer Nutzbarkeit;
   d) Schlußfolgerungen und angestrebte Neueinteilung der landwirtschaftlich genutzten Flächen und der Fruchtfolge bei maximaler Ausnutzung der natürlichen Bodenfruchtbarkeit. Erscheint eine Neueinteilung der landwirtschaftlichen Nutzflächen angebracht, so sind bei deren Verwirklichung Betriebsrichtung, Planauflagen und die ökonomischen Verhältnisse der Kollektivwirtschaft oder Sowchose zu berücksichtigen;
   e) Agrotechnik;
   f) erforderliche Erosionsbekämpfung und Meliorationen.

Beilage: Bodenkarte der Kollektivwirtschaft.

Als Erläuterung der bodenkundlich-meliorativen Karte dient der dazugehörige Bericht.

XVIII. Anleitung zur bodenkundlichen Arbeit und deren Kontrolle

A) Anleitung und Kontrolle bezwecken:

1. alle Fragen zu beantworten, die bei den verschiedenen Arbeitsgängen der Bodenuntersuchungen aufgetreten sind;

2. Fehler bei den feldmäßigen Arbeiten und deren Auswertung rechtzeitig zu finden und sie mit dem geringsten Arbeits -und Zeitaufwand zu beseitigen;
3. Arbeitsplan und Leistungsnorm einzuhalten;
4. bei Nichterfüllung von Norm und Arbeitsplan Ursachen zu klären und zu beseitigen;
5. Einhaltung aller Vorschriften zu prüfen;
6. Arbeitsorganisation (Verteilung der Arbeitsplätze an Fachkräfte, Ausnutzung der Transportmittel usw.) zu kontrollieren.

B) Bei Überprüfung der feldmäßigen Arbeiten ist zu beachten, ob

1. die Horizonte richtig beschrieben sind und ob die Bodenarten sowie die morphologische Charakteristik des Bodenprofils stimmen;
2. die beschriebenen Grablöcher und ihre Tiefe mit den tatsächlich benötigten Aufgrabungen übereinstimmen;
3. die Grablöcher im Untersuchungsgelände örtlich richtig verteilt sind;
4. die Aufgrabungen sowie die sonstigen Bezeichnungen in die topographische Karte genau eingetragen sind;
5. die Feldkarte mit den tatsächlichen Verhältnissen und mit dem Maßstab der Aufnahme abgestimmt worden ist;
6. die Bodenproben ordnungsmäßig entnommen und für die analytische Bearbeitung richtig ausgewählt worden sind.

C) Alle feldmäßigen Arbeiten sind durch Stichproben nachzuprüfen. Bei Überprüfung ist festzustellen, ob

1. die Grablöcher sowie die Proben für die Analyse zweckentsprechend ausgewählt worden sind;
2. die Tabelle mit den morphologischen Bodenmerkmalen und die Beschreibung der einzelnen Bodenarten übereinstimmen.
3. die beschriebenen bodenbildenden Faktoren, die agronomischen und meliorativen Eigenschaften jeder Bodenart sowie die Erläuterungen über das Untersuchungsgelände zutreffen;
4. die analytischen Unterlagen mit der genetischen Bodenklassifikation und den agro-meliorativen Bodeneigenschaften im Einklang stehen.
5. die Bodencharakteristik und die Verteilung der für die landwirtschaftliche Nutzung vorgesehenen Flächen in den meliorativen Gebieten sich in entsprechender Übereinstimmung befinden;
6. die bodenkundlichen und sonstigen Karten richtig ausgearbeitet worden sind;
7. die eingetragenen Bezeichnungen und Symbole einheitlich sind.

Anhang

ANLAGE 1

Die Anzahl der Grablöcher richtet sich nach dem Kartenmaßstab, wie nachstehende Aufstellung zeigt.

Maßstab der Aufnahme	Anzahl der Grablöcher je ha bei unterschiedlicher Geländegestaltung				
	I	II	III	IV	V
1 : 50 000	168,0	140,0	112,0	84,0	56,0
1 : 25 000	75,0	62,5	50,0	37,5	25,0
1 : 10 000	21,4	17,8	14,3	10,7	7,1
1 : 5 000	9,6	8,0	6,4	4,8	3,2
1 : 2 000	2,7	2,3	1,8	1,4	0,9

Das Gelände wird in fünf Stufen eingeteilt:

I. Stufe: Steppengebiete mit ebenem oder flach gewelltem Relief mit ziemlich einheitlichen Bodenarten. Einzelne Bodentypen erstrecken sich über verhältnismäßig große Flächen. Nicht mehr als 50% Bodenkomplexe werden festgestellt.

II. Stufe:

a) Durch Flüsse, Gräben und Senken gegliederte Steppengebiete mit undeutlich hervortretenden Reliefmerkmalen und einheitlichen Böden (nicht mehr als 15% Bodenkomplexe);
b) Gebiete der I. Stufe mit 10 bis 25% Bodenkomplexen.

III. Stufe:

a) Gebiete mit stark gegliedertem Relief und unterschiedlichem bodenbildenden Gestein (vornehmlich Waldsteppenbezirke);
b) Gebiete der I. Stufe mit 30 bis 40% Bodenkomplexen;
c) Gebiete der II. Stufe mit 20 bis 30% Bodenkomplexen;
d) Waldbezirke der I. und II. Stufe.

IV. Stufe:

a) Raum des Vorgebirges;
b) Deltabildungen und Auen mit angeschwemmten Böden;
c) Gebiete mit 45 bis 60% Bodenkomplexen;
d) Waldgebiete der III. Stufe.

V. Stufe:

a) Tundra;
b) Sümpfe und Moore;
c) Wiesen;
d) Gebirge;
e) Gebiete mit über 65% Bodenkomplexen;
f) Waldgebiete der IV. Stufe.

ANLAGE 2

Formblatt des Feldtagebuches

Grabloch Nr. . . . . Datum . . . . Jahr . . . . Gebiet . . . .

Kreis . . . . Kollektivwirtschaft . . . .

geographische Lage der Aufgrabung . . . .

geographisches Gebiet und Bezirk . . . .

Makro-, Meso- und Mikrorelief . . . .

Die Lage des Grabloches hinsichtlich des Makro-, Meso- und Mikroreliefs, die absolute Höhe des Punktes, an dem die Aufgrabung durchgeführt wurde . . . . Die Nutzfläche und ihr Zustand . . . . Vegetation (ihre Zusammensetzung, Dichte und Zustand) . . . .

Das Profil des Reliefs in zwei Richtungen und die Lage der Grablöcher . . . .

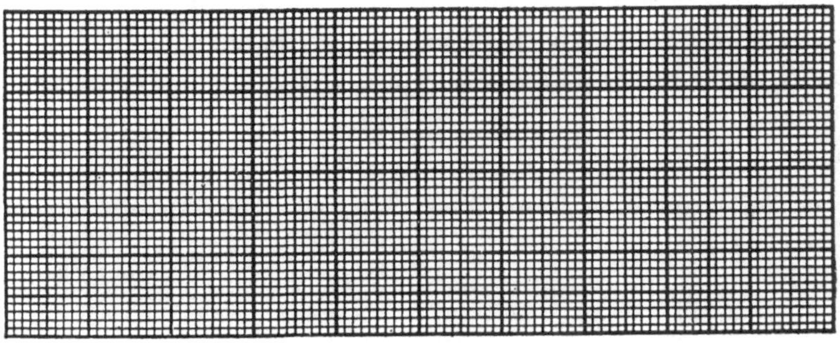

Die feldmäßige Bestimmung der Ackerkrume, des Untergrundes und des Grundgesteins . . . . .

. . . .

Örtliche Bezeichnung des Bodens . . . .

Die endgültige Bezeichnung der Ackerkrume, des Untergrundes und des Grundgesteins (nach erfolgter Auswertung) . . . .

Die Mächtigkeit der Bodenhorizonte in cm	Zeichnung des Bodenprofils und des Untergrundes	cm	

Tiefe und Grad des Aufschäumens . . . .

Ausscheidungen

Art der Ausscheidungen	Tiefe in cm		Tiefe des massenweisen Auftretens in cm		
	Auftreten	Verschwinden	Beginn	Ende	
1	2	3	4	5	6

Maximale Verdichtung von .... bis .... cm

Grundwasserhorizont und Tiefe des Grundwasserspiegels (in cm).

Boden-horizonte	Entnommene Bodenproben										
Tiefe in cm											

Die Beschreibung der Bodenoberfläche und der Bodenhorizonte: Feuchtigkeit, Farbe, mechanische Zusammensetzung, Struktur, Dichte, Porosität, Ausscheidungen, Neubildungen, Einschlüsse, Durchwurzelung und andere Besonderheiten, Übergang des einen Horizontes in den anderen.

....

Beschreibung des zwischen den Bodenaufgrabungen liegenden Geländes

Nr. .... und Nr. ....

....

Unterschrift des Bodenkundlers

ANLAGE 3

Bodenmorphologie

Lfd. Nr.	Geographische Lage der Bodenaufgrabungen	Nr. der Bodenaufgrabungen	Tiefe der untersten Grenze der Bodenhorizonte (in cm)						Tiefe des Aufschäumens durch HCl (in cm)	Tiefe der Ausscheidungen (in cm)				
										Carbonate				
										Beginn der Ausscheidungen	Ende der Ausscheidungen	Massenweise Ausscheidungen		
			A_1	A_2	B_1	B_2	B_3	BC				Beginn	Ende	
	I. Kastanienfarbige Tonböden mittlerer Mächtigkeit auf dem Plateau mit Syrtablagerungen und auf den oberen flachen Hangteilen													
1	. . . .													
2	. . . .													
3	. . . .													
	Summe der Kennziffern . .													
	Anzahl der Kennziffern . .													
	Durchschnittswert													
	Maximum und Minimum .													
	II. Kastanienfarbige, flachgründige, schwach solonezhaltige Tonböden auf Syrttonen der deutlich ausgeprägten Hänge													
1	. . . .													
2	. . . .													
3	. . . .													
4	. . . .													
5	. . . .													
	Summe der Kennziffern . .													
	Anzahl der Kennziffern . .													

ANLAGE 3 (Fortsetzung)

Lfd. Nr.	Geographische Lage der Bodenaufgrabungen	Nr. der Bodenaufgrabungen	Tiefe der untersten Grenze Bodenhorizonte (in cm)						Tiefe des Aufschäumens durch HCl (in cm)	Tiefe der Ausscheidungen (in cm)			
										Carbonate			
										Beginn der Ausscheidungen	Ende der Ausscheidungen	Massenweise Ausscheidungen	
			A_1	A_2	B_1	B_2	B_3	BC				Beginn	Ende
	Durchschnittswert												
	Maximum und Minimum .												
	III. Hellkastanienfarbige, stark solonezhaltige Tonböden auf Akwagylsker Tonen im unteren Teil der Wasserscheidenhänge												
1	. . . .												
2	. . . .												
3	. . . .												
	Summe der Kennziffern . .												
	Anzahl der Kennziffern . .												
	Durchschnittswert												
	Maximum und Minimum . .												

ANLAGE 4

Bodenproben, die dem Laboratorium zur Feststellung der Bodennutzung durch die Kollektivwirtschaft übergeben wurden

(Sowchose) .... *Kreis* .... *Gebiet* ....

Lfd. Nr.	Nr. der Boden-aufgrabung	Bezeichnung des Horizontes und Tiefe der Bodenproben (in cm)	Art der Analyse					usw.	Anmerkung
			Humus nach KNOP	CO_2 nach KNOP	sorbiertes Ca	sorbiertes Mg	sorbiertes Na		
					nach GEDROIZ				
1	29 B	AO—5	+	+	+	+	+		Aufschäumen durch Salzsäure bei .... cm
		B_1 20—25	+	+	+	+	+		
		B_2 43—48	+	+	—	—	—		
		B_3 59—64	+	+	—	—	—		
		C 89—94	—	+	—	—	—		

Insgesamt Analysen ....

Kosten einer Analyse ....

Kosten aller Analysen ....

Gesamtkosten ....

Anmerkung: Das Pluszeichen (+) bedeutet Durchführung der Analyse, das Minuszeichen (—) auf die Analyse wird verzichtet.

Leiter der Bodenuntersuchungen ....

Bodenkundler ....

Termin zur Durchführung der Analysen ....

Leiter des Laboratoriums ....

Die Bodenproben wurden übergeben von ....

Angenommen durch ....

Datum ....

ANLAGE 5

Ergebnisse der chemischen Analyse der Aufgrabung Nr. ....

Bezeichnung der Ackerkrume und des Unterbodens ....

Geomorphologischer Bezirk und Abschnitt, absolute Höhe und Lage des Grabloches hinsichtlich Meso- und Mikrorelief ....

Geographische Lage der Aufgrabung ....

Tiefe der analysierten Proben (in cm) / Analysen, berechnet auf ein bei 100 bis 105° ausgetrocknetes Präparat					
Hygroskopisches Wasser	%				
Humus nach KNOP	%				
CO_2 nach KNOP	%				
lösliches Kali nach KIRSANOW	%				
P_2O_5 insgesamt nach FISCHER	%				
lösliche P_2O_5 nach TRUOCH	%				
Stickstoff insgesamt nach KJELDAHL	%				
Hydrolisierter Stickstoff nach TJURIN	%				
pH					
Gips (in SO_4'')	%				
desgl.	m-Äqu				
SIO_2 in 5% KOH-Auszug	%				
Al_2O_3 in 5% KOH-Auszug	%				
Überschuß an SIO_2 in 5% KOH-Auszug	%				
Al_2O_3 in 5% KOH-Auszug	%				
Sorbierte Basen nach GEDROIZ					
Sorbiertes Ca (verdrängt durch H-Ion)	%				
Sorbiertes Ca (verdrängt durch H-Ion)	m-Äqu				
Sorbiertes Mg (verdrängt durch H-Ion)	%				
Sorbiertes Mg (verdrängt durch H-Ion)	m-Äqu				
Sorbiertes Na (Austauschmethode)	%				
Sorbiertes Na (Austauschmethode)	m-Äqu				

ANLAGE 5 (Fortsetzung)

Tiefe der analysierten Proben (in cm) / Analysen, berechnet auf ein bei 100 bis 105° ausgetrocknetes Präparat					
Sorptionskapazität (Universalmethode)	%				
desgl.	m-Äqu				
Na der Gesamtkapazität	%				
Na der Summe der sorbierten Basen	%				
Wäßriger Auszug (stündlicher)					
Fester Rückstand	%				
Gesamtalkalität in HCO_3'	%				
desgl.	m-Äqu				
Alkalität von Bicarbonaten der Alkalierden in HCO_3'	%				
desgl.	m-Äqu				
Alkalität von Bicarbonaten der Alkalimetalle in HCO_3' . . .	m-Äqu				
Alkalität von Normalcarbonat in CO_3''	%				
desgl.	m-Äqu				
Wasserlöslicher Humus	%				
Cl'	%				
Cl'	m-Äqu				
SO_4''	%				
SO_4''	m-Äqu				
Ca··	%				
Ca··	m-Äqu				
Mg··	%				
Mg··	m-Äqu				
Na· nach der Differenz	%				
Cl' : SO_4'' (Verhältnis Milliäquivalent) . . .	%				
Mechanische Zusammensetzung					
Partikel $d < 0{,}01$	%				
desgl. $d < 0{,}001$	%				
Schwund durch Bearbeitung . . .	%				

ANLAGE 6

Mechanische Analyse der Aufgrabung Nr. ....

Bezeichnung des Bodens und des Untergrundes ....

Der geomorphologische Bezirk und der Abschnitt, die absolute Höhe und Lage des Grabloches im Meso- und Mikrorelief ....

Die geographische Lage der Aufgrabung ....

Tiefe der analysierten Proben (in cm) / Analysen, berechnet auf ein bei 100 bis 105° ausgetrocknetes Präparat					Anmerkung
Die mechanische Analyse					
Pipettenmethode durch Behandlung mit HCl und Dispergierung mit NaOH					
Hygroskopisches Wasser . . . . %					
Partikel $d > 0{,}25$ mm . . . . %					
Partikel d von 0,25 bis 0,05 mm . . . . %					
„ d „ 0,05 „ 0,01 mm . . . %					
„ d „ 0,01 „ 0,005 mm . . . %					
„ d „ 0,005 „ 0,001 mm . . . %					
„ $d <$ 0,001 . . . . %					
Schwund durch Behandlung mit HCl . . %					
Summe der Partikel					
$d < 0{,}01$ mm . . . . %					
$d < 0{,}01$ mm + Verlust durch Behandlung mit HCl . . . . %					
$d > 0{,}01$ mm . . . . %					
Die Mikroaggregatanalyse					
Pipettenmethode . . . . %					
Partikel $d >$ 0,25 mm . . . . %					
„ d 0,25 bis 0,05 mm . . . . %					
„ d 0,05 „ 0,01 mm . . . . %					
„ d 0,01 „ 0,005 mm . . . %					
„ d 0,005 „ 0,001 mm . . . %					
„ $d <$ 0,001 mm . . . . %					
Summe der Partikel					
$d < 0{,}01$ mm . . . . %					
$d > 0{,}01$ mm . . . . %					

ANLAGE 7

Bezeichnungen für die Solonezhaltigkeit, Solontschakhaltigkeit, Versumpfung und Erosion der Böden

- Schwach solonezhaltige Böden
- mittelsolonezhaltige Böden
- stark solonezhaltige Böden
- schwach solonezhaltige Böden
- mittelsolontschakhaltige Böden
- stark solontschakhlatige Böden

- ----- schwach versumpfte Böden
- ===== mittelversumpfte Böden
- stark versumpfte Böden
- schwach erodierte Böden
- mittelerodierte Böden
- stark erodierte Böden

Anmerkung: Die Zeichen der Versumpfung werden mit blauer Tusche gezogen

ANLAGE 8

Festgelegte Zeichen für die mechanische Bodenzusammensetzung

- ohne Schraffierung — Tonböden
- schwere Lehmböden
- mittlere Lehmböden
- leichte Lehmböden
- lehmige Sandböden
- Sandböden

- lockere Sandböden
- Flugsand
- schwach schottrige Böden
- mittelschottrige Böden
- stark schottrige Böden

ANLAGE 9

Bezeichnung des prozentualen Anteils der zum Komplex gehörenden Böden

- bis zu 6%
- 10% (von 7 bis 12%)
- 15% (,, 13 ,, 17%)
- 20% (,, 18 ,, 22%)
- 25% (,, 23 ,, 27%)

- 30% (von 28 bis 32%)
- 35% (,, 33 ,, 37%)
- 40% (,, 38 ,, 42%)
- 45% (,, 43 ,, 47%)

ANLAGE 10

Legende für die Bodenkarten der Kollektivwirtschaften und Sowchosen

Bodenindices	Die farbigen und schraffierten festgelegten Bezeichnungen	Bezeichnung der Böden	Das bodenbildende Gestein	Die morpholgischen Verhältnisse der Bodenlagerung	Fläche (in ha)
8_{I}		Kastanienfarbige Tonböden mittlerer Mächtigkeit	Syrtton	Das ebene Plateau der Wasserscheiden und die oberen Flachhänge	180
8_{II}	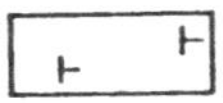	Kastanienfarbige, flachgründige, schwach solonezhaltige Tonböden	Syrtton	Hänge der Wasserscheiden	1390
9	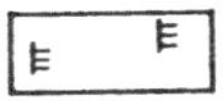	Hellkastanienfarbige, stark solonezhaltige Tonböden	Aktschagylsker Ton	Der untere Teil der Wasserscheidenhänge	80
8_{I}		Schwere Lehmböden mittlerer Mächtigkeit	lehmige, präalluviale Ablagerungen	Ebene, erhöhte Abschnitte der ersten über den Flußauen liegenden Terrassen	155
$\frac{8 - 60}{11_{I} - 25 + 14_{VII} - 15}$	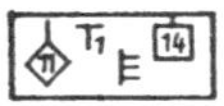	Bodenkomplex: 60% kastanienfarbige, stark solonezhaltige Tonböden; 25% zu Krustenbildung neigender Solonez und 15% dunkelfarbige Tonböden der Niederung vom Typ dunkelkastanienfarbiger Böden	präalluviale Ablagerungen von Ton und schwerem Lehm	Tiefer liegende Abschnitte der ersten Aueterrassen mit deutlich ausgeprägtem Relief	65
$\frac{11_{II} - 45}{8_{II} - 30 + 14_{VI} - 25}$	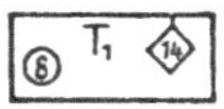	Bodenkomplex: 45% Solonez mit mittlerer Säulenbildung; 30% flachgründige, kastanienfarbige Tonböden und 25% dunkelfarbige Böden des Niederungstyps südlicher Tschernosjom	desgl.	desgl.	45
		Insgesamt			1915

⊓̇ (□)	Zeichen: der Boden nimmt 15% der Komplexfläche ein
◇	der Boden nimmt 25% der Komplexfläche ein
○	der Boden nimmt 30% der Komplexfläche ein
⊢	Schwach salzhaltige Böden
⊨	Stark salzhaltige Böden.
T_{II}	Aueterrasse. Tonige und lehmige Ablagerungen mit Sandzwischenschichten, seltener lehmig-sandige
T_1	Erste über der Aue liegende Terrasse. Ablagerungen von schwerem Lehm auf lehmigem Sand und Sand bis zu einer Mächtigkeit von 120 bis 150 cm
T_2	Zweite über der Aue liegende Terrasse. Diluviale mittellehmige Ablagerungen, in einer Tiefe von 160 bis 180 cm auf lehmig-sandigen alluvialen Schichten
Ss	Aus Ablagerungen quartärer Syrttone und schweren Lehms entstandene Hänge
Sa	Aus Aktschagylsker Ton gebildete Hänge
P_s	Plateau aus Quartärsyrtton
	Linien der Bodenkonturen
	Linien der geomorphologischen Konturen (werden mit roter Tusche gezogen)
X—37	Bodenaufgrabungen mit analytischen Angaben

Die festgelegten Zeichen sind die gleichen wie auf der topographischen Karte gleichen Maßstabes:

- Horizontale und absolute Höhe
- Flüsse
- Seen
- Eisenbahnlinien
- Befestigte Straßen
- Orte und Siedlungen

ANLAGE 11

Muster der Zeichen zu den Bodenkarten von Kreisen, Gebieten und Republiken

Bodenindices	Farbige und schraffierte Bezeichnungen	Bezeichnung der Böden
7_{I}		Dunkelkastanienfarbige Böden mittlerer Mächtigkeit
8_{I}		Kastanienfarbige Böden mittlerer Mächtigkeit
8_{II}		Flachgründige, kastanienfarbige Böden
9_{1}		Hellkastanienfarbige Böden mittlerer Mächtigkeit
11_{II}		Solonez von mittlerer Säulenstruktur
11_{III}		Solonez von tiefer Säulenstruktur
14_{IV}		Dunkelfarbige Böden des Niederungstyps, südlicher Tschernosjom
		Bezeichnung der Bodenkomplexe:
$\frac{11_{II}-45}{8_{II}-30+14_{VI}-25}$	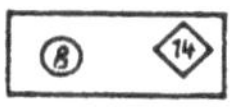	Im Zähler wird der Boden angegeben, der im Komplex vorherrscht, und im Nenner der Boden mit geringerer Fläche. Der Ton der Kontur wird mit der Farbe des vorherrschenden Bodens versehen. Die Figuren werden in der Farbe des Bodens ausgeführt, der die geringere Fläche einnimmt. Das angeführte Zeichen bedeutet folgende Zusammensetzung des Komplexes: 45% Solonez mittlerer Säulenstruktur; 30% flachgründige, kastanienfarbige Böden und 25% dunkelfarbige Böden des Niederungstyps der südlichen Tschernosjom
		Boden mit natürlicher Steppenvegetation
	ohne Schraffierung	Tonböden
	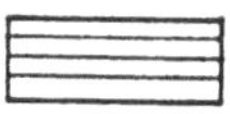	Schwere Lehmböden
	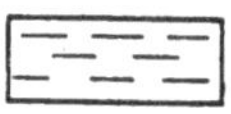	Lehmige Sandböden

ANLAGE 11 (Fortsetzung)

Bodenindices	Farbige und schraffierte Bezeichnungen	Bezeichnung der Böden
	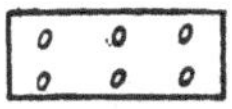	Schwach schotterige Böden
		Mittelsolonezhaltige Böden
		Schwach solontschakhaltige Böden
	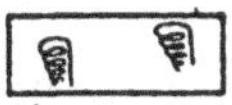	Mittel erodierte Böden
		Aueterrassen, sandige und lehmige Ablagerungen
		Erste über der Aue liegende Terrasse
		Tonige-sandige darunterliegende Ablagerungen mit einer Mächtigkeit von 85—120 cm
		Hänge der Wasserscheiden
		Plateau der Wasserscheide
		Quartär-Syrtton und schwerer Lehm
		Aktschagylsker Ton
		Kreideablagerungen aus Kreide- und kieselhaltigem Ton
		Bodenaufgrabungen mit analytischen Angaben
		Linien der Bodenkonturen
		Linien der geomorphologischen Konturen (werden mit roter Tusche gezogen)
		Horizontale und absolute Höhe
	die festgelegten Zeichen sind die gleichen wie auf den topographischen Karten	Flüsse und Vermerke über den Wasserstand
		Schiffbare Kanäle
		Teiche
		Orte und Siedlungen
		Eisenbahnlinien und Bahnhöfe
		Autostraßen
		Landstraßen
		Grenzen der Kollektivwirtschaften oder der Gebiete

ANLAGE 12

Legende für die Karte der landwirtschaftlichen Nutzflächen

Bodenindices	Bezeichnung der landwirschaftlichen Nutzflächen und Böden	Fläche (in ha)
	Ackerfähige Böden	
I	1. Beste Ackerböden	
8_I	Kastanienfarbige Tonböden mittlerer Mächtigkeit auf Syrtton	180
8_1	Kastanienfarbige Terrassenböden aus schwerem Lehm mittlerer Mächtigkeit aus präalluvialen Ablagerungen	855
	2. Geringere Ackerböden	
8_{II}	Kastanienfarbige, flachgründige, schwach solonezhaltige Tonböden	390
II	*Als Weidenutzung taugliche Böden*	
$\frac{11_{II}-50}{8_{II}-30+14_{VI}-20}$	1. Beste Weideböden Bodenkomplex: 50% Solonez mittlerer Säulenstruktur; 30% kastanienfarbige, flachgründige Tonböden und 20% dunkelfarbige Tonböden des Niederungstyps südlicher Tschernosjom	46
$\frac{8-45}{11_I-40+14_{VII}-15}$	2. Geringste Weideböden Bodenkomplex: 45% kastanienfarbige, stark solonezhaltige Tonböden; 40% zu Krustenbildung neigender Solonez und 50% dunkelfarbige Böden des Niederungstyps dunkelkastanienfarbiger Böden;	65
9	hellkastanienfarbige, stark solonezhaltige Tonböden auf Aktschagylsker Ton	80

Anmerkung. Die restlichen Zeichen sind die gleichen wie für die Bodenkarte, mit Ausnahme der Figuren, die den prozentualen Gehalt der Komponente in den Bodenkomplexen angeben und die auf den Karten der landwirtschaftlichen Nutzflächen nicht einzutragen sind, die Zahlenindices genügen.

ANLAGE 13

Legende für die bodenkundlich-meliorative Karte

Zeichen (bunte)	Meliorative		Mechanische Zusammensetzung und Kulturzustand der Böden	geomorphologische Verhältnisse
	Bezirke	Unterbezirke		

Das bodenbildende und Grundgestein		Grundwasserstand	Grad der Mineralisierung des Grundwassers
1—2 m	unter 2 m		

Salzgehalt des Bodenprofils				Zulässige Tiefe der Durchnässung	Erforderliche meliorative und agrotechnische Maßnahmen auf den landwirtschaftlichen Nutzflächen bei Bewässerung
mittel		stark			
Cl′ mehr als 0,05%	SO_4'' mehr als 0,1%	Cl′ über 0,1%	SO_4 über 0,3%		
in einer Tiefe von cm					

Literaturverzeichnis

1. Богдан, В. С., Некоторые вопросы залежного хозяйства в связи с травосеянием. (Bogdan, W. S., Einige Fragen der Brachlandwirtschaft in Verbindung mit dem Grasanbau), Труды 2-го съезда по сельскохозяйственному опытному делу в Петербурге. (Arbeiten der 2. Konferenz der Landwirte auf dem Gebiet des Versuchswesens in Petersburg), Teil II, St. Petersburg 1905.
2. Вильямс, В. Р., Значение трудов В. В. Докучаева в развитии почвоведения. (Wiljams, W. R., Die Bedeutung der Arbeiten W. W. Dokutschajews bei der Entwicklung der Bodenkunde), Вводная статья к книге В. В. Докучаева ,,Русский чернозем''. (Einleitung aus dem Buch von W. W. Dokutschajew ,,Der russische Tschernosjom"), 1936.
3. Вильямс, В. Р., Почвоведение. Земледелие с основами почвоведения. (Wiljams, W. R., Die Bodenkunde. Ackerbau auf der Grundlage der Bodenkunde), Moskau 1938.
4. Вильямс, В. Р., Наука о почве и ее роль в сельскохозяйственном происводстве. (Wiljams, W. R., Die Bodenkunde und ihre Bedeutung bei der landwirtschaftlichen Produktion), Журн. ,,Советская агрономия''. (Zeitschrift ,,Sowjetagronomie"), 4, 1947.
5. Докучаев, В. В., Главные моменты в истории оценки земель Европейской России с классификацией русских почв. (Dokutschajew, W. W., Die wichtigsten Stufen bei der Bewertung der Böden des europäischen Rußlands und der Klassifikation der russischen Böden), Отчет Нижегородскому губернскому земству. (Bericht an die Nishegorodsker Gouvernementsverwaltung), Ausgabe 1, St. Petersburg 1886.
6. Гавеман, А. В., Аэросъемка и исследования природных ресурсов. (Gaweman, A. W., Die Luftaufnahme und die Untersuchung der natürlichen Bodenreserven), Moskau-Leningrad 1937.
7. Гедройц, К. К., Почва как культурная среда для сельскохозяйственных растений. (Gedroiz, K. K., Der Boden als Standort der landwirtschaftlichen Kulturpflanzen), Kiew 1926.
8. Григорьев, С., Влияние соды и сернокислого натрия на развитие сосны, ели, лиственницы и березы. (Grigorjew, S., Der Einfluß von Soda und schwefelsaurem Natrium auf die Entwicklung der Kiefer, der Fichte, der Lärche und der Birke), Труды по лесному опытному делу в России. (Arbeiten des forstlichen Versuchswesens in Rußland), Ausgabe 4, Petrograd 1914.
9. Делиникайтис, С. А., Орошаемое земледелие. (Delinikaitis, S. A., Der bewässerte Ackerbau), Saratow 1935.
10. Карпинский, Н. П., Основные вопросы методики детальных почвенных исследований. (Karpinski, N. P., Grundfragen zur Methodik detaillierter Bodenuntersuchungen), Журн. ,,Химизация социалистического земледелия". (Zeitschrift ,,Die Chemie im sozialistischen Ackerbau"), 1, 1938.
11. Качинский, Н. А., Опыт агромелиоративной характеристики почв. (Katschinski, N. A., Die bei der agromeliorativen Bodenbeschreibung gewonnene Erfahrung), 1. Teil, 1934.

12. Качинский, Н. А., Методы механического и микроагрегатного анализа почвы. (KATSCHINSKI, N. A., Die Methoden der mechanischen und Mikroaggregatanalyse des Bodens), Moskau-Leningrad 1943.

13. Келлер, Б. А., Растительный мир русских степей, полупустынь, пустынь. (KELLER, B. A., Die Pflanzenwelt der russischen Steppen, Halbwüsten und Wüsten), Ausgabe 1, Woronesh 1923.

14. Кириченко, К. С., Влияние засоления почвы на рис. (KIRITSCHENKO, K. S., Der Einfluß der Bodenversalzung auf den Reis), Труды рисовой опытной станции. (Arbeiten der Reisversuchsstation), Ausgabe 7, Moskau 1937.

15. Ковда, В. А., Солончаки и солонцы. (KOWDA, W. A., Die Solontschak- und Solonezböden), Moskau-Leningrad 1937.

16. Ковда, В. А., Происхождение и режим засоленных почв. (KOWDA, W. A., Die Entstehung salzhaltiger Böden), Moskau-Leningrad 1946 und 1947.

17. Ковда, В. А., Почвенно-мелиоративные основания борьбы с засолением почв в орошаемом земледелии. (KOWDA, W. A., Die von bodenkundlich-meliorativen Grundlagen aus zu führende Bekämpfung gegen Versalzung der Böden im bewässerten Ackerbau), „Научные записки", т. XIII, Московский гидромелиоративный институт имени В. Р. Вильямса. (Wissenschaftliche Aufzeichnungen, Band XIII, des Moskauer Hydromeliorativen Wiljams-Institutes), 1947.

18. Кравков, С. П., Почвоведение. (KRAKOW, S. P., Die Bodenkunde), Moskau-Leningrad 1937.

19. Красюк, А. А., Почвы и их исследование в поле. (KRASJUK, A, A., Die Böden und deren feldmäßige Untersuchung), Moskau-Leningrad 1931.

20. Крупенников, И. А., Тамариск и его солеустойчивость. (KRUPENNIKOW, I. A., Die Salzresistenz der Tamariske), Журн. „Припода" (Zeitschrift „Die Natur"), 7, 1951.

21. Неуструев, С. С., Элементы географии почв. (NEUSTRUJEW, S. S., Die geographischen Bodenelemente), 1930.

22. Петербургский, А. В., Практикум по агрохимии. (PETERBURGSKI, A. W., Agrochemisches Praktikum). Moskau 1952.

23. Пархоменко, С., Программы для изучения явлений, связанных с мерзлотой почв и грунтов. (PARCHOMENKO, S., Arbeitsprogramm zur Untersuchung der Erscheinungen, die durch den ewigen Bodenfrost im Boden und im Untergrund auftreten), Moskau 1932.

24. Полынов, Б. Б., Процессы засоления и рассоления и солевой профиль почвы. (POLYNOW, B. B., Die Versalzungs- und Entsalzungsprozesse sowie das Salzprofil des Bodens), Труды комиссии по ирригации" вып. I, отчет Нижне-Волжской экспедиции Академии наук. (Arbeiten der Irrigationskommission, Ausgabe 1. Expeditionsbericht der Akademie der Wissenschaften über das untere Wolgagebiet), 1933.

25. Полынов, Б. Б., В. В. Докучаев в современном почвоведении. (POLYNOW, B. B., W. W. DOKUTSCHAJEW in der gegenwärtigen Bodenkunde), Журн. „Почвоведение". (Zeitschrift „Die Bodenkunde"), 10, 1940.

26. Попов, М. Г., Растительный покров Казахстана. (POPOW, M. G., Die Pflanzendecke Kasachstans), Академия наук СССР, Казахстанский филиал. „Труды". (Akademie der Wissenschaften der UdSSR, Zweigstelle Kasachstan, „Schriften"), Ausgabe 18, Leningrad 1940.

27. Ремезов, Н. П. и Щерба, С. В., Теория и практика известкования почв. (REMESOW, N. P. und STSCHERBA, S. W., Theorie und Praxis der Bodenkalkung), Moskau 1938.

28. Розов, Л. П., Засоление почв в условиях орошения и организация борьбы с ним. (Rosow, L. P., Die durch Bewässerung entstandene Bodenversalzung und ihre Bekämpfung), Bulletin, Nr. 3; Борьба с засолением почв. (Die Bekämpfung der Bodenversalzung), Всесоюзный научно-исследовательский институт гидротехники и мелиорации. (Allunions-Forschungsinstitut für Hydrotechnik und Melioration), Moskau 1934.

29. Розанов, А. Н. и Лазарев, А. А., Почвенные условия поливных районов свеклосеяния Средней Азии. (Rosanow, A. N. und Lasarew. A. A., Die bodenkundlichen Verhältnisse in den bewässerten Zuckerrübenanbaugebieten Mittelasiens), Moskau-Leningrad 1945.

30. Садовников, И. Ф., Руководство по производству почвенных исследований. (Sadownikow, I. F., Anleitung zur Durchführung von Bodenuntersuchungen), Moskau 1946.

31. Садовников, И. Ф., и Шраг, В. И., Территориальные почвенные исследовання. Руководство по почвенно-мелиоративным исследованиям в степных и лесостепных районах европейской части СССР. (Sadownikow, I. F. und Schrag, W. I., Territoriale Bodenuntersuchungen. Anleitung für bodenkundlich-meliorative Untersuchungen in den Steppen- und Waldsteppengebieten des europäischen Teils der UdSSR), Moskau 1951.

32. Садовников, И. Ф., Почвенная картография. (Sadownikow, I. F., Die Bodenkartographie), Географгиз, Moskau 1952.

33. Соболев, С. С., Временная инструкция к производству Экспедиционных почвенно-эрозионных исследований в равнинных областях Союза. (Sobolew, S. S., Vorläufige Instruktion zur Durchführung der expeditionsmäßigen Untersuchungen der Bodenerosion in den Niederungsgebieten der SU), Журнал „Почвоведение", (Zeitschrift „Die Bodenkunde"), 10, 1939.

34. Соболев, С. С., Развитие эрозионных процессов на территории европейской части СССР и борьба с ними. (Sobolew, S. S., Die Entstehung von Erosionsprozessen im Gebiet des europäischen Teils der UdSSR und ihre Bekämpfung), Bd. 1, Moskau-Leningrad 1948.

35. Соболев, С. С., Эрозия почв и борьба с нею. (Sobolew, S. S., Die Bodenerosion und ihre Bekämpfung), Moskau 1950.

36. Степанов, Н. Н., Стеепное лесоразведние. (Stepanow N. N., Die Aufforstung in der Steppe), Moskau-Leningrad 1932.

37. Сумгин, М. И., Вечная мерлзота почвы в пределах СССР. (Sumgin, M. I., Der ewige Bodenfrost im Gebiet der UdSSR), 1937.

38. Сумгин, М. И., и Демчинкий И. А., Завоевание Севера. (Sumgin, M. I., und Demtschinski, N. A., Die Eroberung des Nordens), 1938.

39. Сумгин, М. И., Качурин, С. П., Толстухин, Н. И. и Тумель, В. Ф., Общее мерзлотоведение. (Sumgin, M. I., Katschurin, S. P., Tolstichin, N. I. und Tumel, W. F., Allgemeine Frostkunde), 1940.

40. Танфильев М. И., Главнейшие черты растительности России. (Tanfiljew, G. I., Die hauptsächlichsten Wesenszüge der Vegetation Rußlands), St. Petersburg 1903.

41. Тюремнов, С. И., Об окраске почв. (Tjuremnow, S. I., Die Bodenfärbung), 1927.

42. Федоров, Б. В., Определение степени осолонения по растительному покрову. (Fedorow, B. W., Die Bestimmung des Versalzungsgrades nach der Vegetation), Голодностепная сельскохозяйственная станция. (Die landwirtschaftliche Versuchsstation der Hungersteppe), Ausgabe 10, Taschkent 1930.

43. Щукин, И. С., Общая морфология суши. (Stschukin, I. S., Die allgemeine Morphologie des Festlandes), Bd. I, 1933, Bd. II, 1938.

FSC
www.fsc.org
MIX
Papier | Fördert gute Waldnutzung
FSC® C083411

Zeitfracht Medien GmbH
Ferdinand-Jühlke-Straße 7
99095 Erfurt, Deutschland
produktsicherheit@kolibri360.de